机械行业职业技能鉴定培训教材

工业机器人操作调整工

（中级、高级）

机械工业职业技能鉴定指导中心　组织编写

主　编　张明文

副主编　王　伟　顾三鸿

参　编　王璐欢　高文婷　霰学会

　　　　尹　政　何定阳

机械工业出版社

本书依据《工业机器人操作调整工　职业技能标准》编写，从职业能力培养的角度出发，力求体现职业培训的规律，满足职业技能培训与鉴定考核的需要。

　　本书在编写过程中贯穿"以职业标准为依据，以企业需求为导向，以职业能力为核心"的理念，采用模块化的模式编写。全书按中级、高级分别编写，主要内容包括编程与调试、关节机器人操作与调整、AGV操作与调整、直角坐标机器人操作与调整、维护与保养等。为便于读者迅速抓住重点、提高学习效率，书中还精心设置了"培训目标"栏目，高级别培训目标涵盖低级别的培训目标。

　　本书可作为中级、高级工业机器人操作调整工职业技能培训与鉴定考核教材，也可供职业院校相关专业师生参考，还可供相关从业人员参加在职培训、就业培训、岗位培训时使用。

图书在版编目（CIP）数据

工业机器人操作调整工：中级、高级/张明文主编；机械工业职业技能鉴定指导中心组织编写. —北京：机械工业出版社，2020.5
机械行业职业技能鉴定培训教材
ISBN 978-7-111-65426-1

Ⅰ.①工…　Ⅱ.①张…②机…　Ⅲ.①工业机器人-操作-职业技能-鉴定-教材　Ⅳ.①TP242.2

中国版本图书馆CIP数据核字（2020）第065538号

机械工业出版社（北京市百万庄大街22号　邮政编码100037）
策划编辑：陈玉芝　　　　　责任编辑：陈玉芝　王　博
责任校对：陈立辉　王　延　封面设计：马精明
责任印制：孙　炜
保定市中画美凯印刷有限公司印刷
2020年8月第1版第1次印刷
184mm×260mm·13印张·320千字
0001—1900册
标准书号：ISBN 978-7-111-65426-1
定价：45.00元

电话服务　　　　　　　　　网络服务
客服电话：010-88361066　　机　工　官　网：www.cmpbook.com
　　　　　010-88379833　　机　工　官　博：weibo.com/cmp1952
　　　　　010-68326294　　金　书　网：www.golden-book.com
封底无防伪标均为盗版　机工教育服务网：www.cmpedu.com

机械行业职业技能鉴定培训教材
编 审 委 员 会
(按姓氏笔画排序)

序

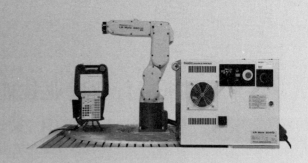

工业机器人被誉为"制造业皇冠顶端的明珠"，是衡量一个国家创新能力和产业竞争力的重要标志，已成为全球新一轮科技和产业革命的重要切入点。机器人作为技术集成度高、应用环境复杂、操作维护专业的高端装备，有着多层次的人才需求。近年来，国内企业和科研机构加大机器人技术研究与本体研制方向的人才引进与培养力度，在硬件基础与技术水平上取得了显著提升，但装配调试、操作维护等应用型人才的培养力度依然有所欠缺。

机械工业职业技能鉴定指导中心经前期广泛调研，于2015年组织国内龙头企业率先启动工业机器人新职业技能标准编制工作，并于2017年全面完成《工业机器人装调维修工》《工业机器人操作调整工》两项职业技能标准的编制工作。2019年 T/CMIF 41—2019《工业机器人装调维修工职业评价规范》、T/CMIF 42—2019《工业机器人操作调整工职业评价规范》正式发布。职业技能标准是根据职业活动内容，对从业人员的理论知识和技能要求提出的综合性水平规定，是开展职业教育培训和员工能力水平评价的基本依据。

机械工业职业技能鉴定指导中心组织标准编审专家以职业技能标准为依据编写了这套教材，包括《工业机器人基础知识》《工业机器人装调维修工（中级、高级）》《工业机器人装调维修工（技师、高级技师）》《工业机器人操作调整工（中级、高级）》《工业机器人操作调整工（技师、高级技师）》5本教材。内容上涵盖了工业机器人装调维修工和工业机器人操作调整工需要掌握的基础理论知识和技能要求；结构上按照中级、高级、技师、高级技师纵向划分，满足不同能力水平培训的需要。这套教材相比其他培训类教材还有以下几个特点。

以职业能力为核心，以职业活动为导向。我们将标准编制的指导思想延续到教材编写过程中，坚持以客观反映工作现场对从业人员的理论和操作技能要求为前提对知识点进行详细介绍。工业机器人装调维修工系列教材对从事工业机器人系统及工业机器人生产线装配、调试、维修、标定和校准等工作的人员应知应会部分进行了阐释，工业机器人操作调整工系列教材对从事工业机器人系统及工业机器人生产线现场安装、编程、操作与控制、调试与维护的人员应知应会部分进行了阐释，内容贴合企业生产实际。

"整体性、规范性、实用性、可操作性、等级性原则"贯穿始终。这五项原则是标准编制的核心原则，在编写教材时也得到了充分运用。在整体性方面，这套教材以我国工业机器人领域从业人员的整体状况和水平为基准，兼顾不同领域或行业间可能存在的差异，突出主流技术；在规范性方面，技术术语和文字符号符合国家最新技术标准；在实用性和可操作性方面，内容深入浅出、循序渐进、重点突出、易于理解；在等级性方面，按照从业人员职业活动范围的宽窄、工作责任的大小、工作难度的高低或技术复杂程度来划分等级，便于读者准确定位。

编排合理、内容丰富、可读性强。教材内容编排与职业技能标准内容对应：每一章对应每一等级的职业功能；每一节对应每项工作内容。每章设计有"培训目标"，罗列重点技能要求，便于培训教师设计培训大纲、命制试题，也便于学员确定学习目标、对照自查。但教材内容不拘泥于操作指导，每项技能要求对应的相关知识也都有详细介绍，理实一体，可读性强，既适合企业开展晋级培训使用，也适合职业院校教学使用，同样适合工业机器人领域从业人员或工业机器人爱好者浏览阅读。

本套教材若有不足之处，欢迎广大读者提出宝贵意见。

机械行业职业技能鉴定培训教材编审委员会

前　言

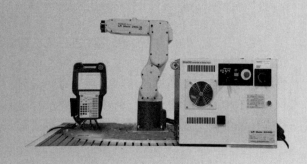

　　为深入实施《中国制造 2025》《机器人产业发展规划（2016—2020 年）》《智能制造发展规划（2016—2020 年）》等强国战略规划，根据《制造业人才发展规划指南》，为实现制造强国的战略目标提供人才保证，机械工业职业技能鉴定指导中心组织国内工业机器人制造企业、应用企业和职业院校历经两年编制了《工业机器人装调维修工职业技能标准》和《工业机器人操作调整工职业技能标准》，并进行了职业技能标准发布，同时启动了相关职业技能培训教材的编写工作。

　　《工业机器人装调维修工职业技能标准》和《工业机器人操作调整工职业技能标准》分为中级、高级、技师、高级技师四个等级，内容涵盖了工业机器人生产与服务中所涉及的工作内容和工作要求，适用于工业机器人系统及工业机器人生产线的装配、调试、维修、标定、操作及应用等技术岗位从业人员的职业技能水平考核与认定。

　　工业机器人职业技能标准的发布，填补了目前我国该产业技能人才培养评价标准的空白，具有重大意义和应用前景。相关标准正在迅速应用到工业机器人行业技能人才培养和职业能力等级评定工作中，对宣传贯彻工业机器人职业技能标准、弘扬工匠精神、助力中国智能制造发挥了重要作用。

　　为了使工业机器人职业技能标准符合现实的行业发展情况，并符合企业岗位要求和从业人员技能水平考核要求，机械工业职业技能鉴定指导中心召集了工业机器人制造企业和集成应用企业、高等院校、科研院所的行业专家参与配套培训教材的编写工作。

　　本书以《工业机器人操作调整工职业技能标准》为依据，介绍了中级工、高级工需掌握的知识和技能。作为与工业机器人职业技能鉴定配套的培训教材，本书编选的内容理论联系实际，对相关知识的学习者和相关岗位的从业者具有指导意义。

　　本书的编写得到了多所职业院校、企业及职业技能鉴定单位的支持。本书由张明文担任主编，由王伟、顾三鸿担任副主编，参加编写的有王璐欢、高文婷、霰学会、尹政、何定阳。

　　由于编者水平有限，书中难免有错漏之处，恳请读者批评指正。

编　者

目 录

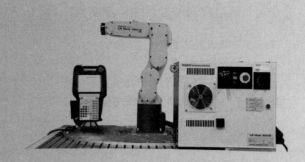

第一部分　中级工

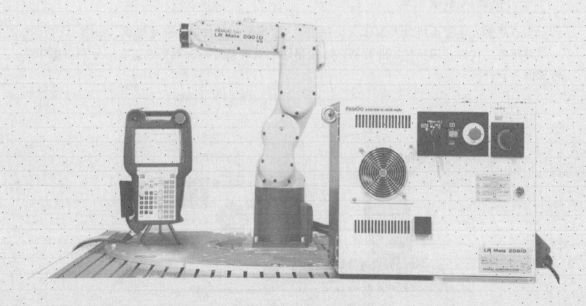

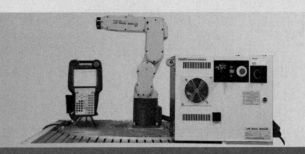

第一单元

中级编程与调试

第一节 示教前准备

一、机器人系统组成

　　工业机器人主要由机器人本体（操作机）、控制器和示教器 3 部分组成，如图 1-1 所示。
　　对于第二代以及第三代工业机器人还包括感知系统和分析决策系统，它们分别由感知类传感器和软件实现。

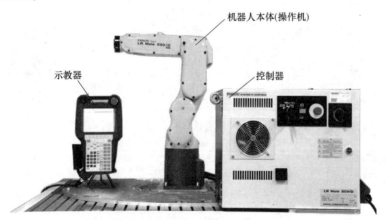

图 1-1　工业机器人组成

　　（1）操作机　操作机又称为机器人本体，是工业机器人的机械主体，即用来完成规定任务的执行机构，主要由机械臂、驱动装置、传动装置和内部传感器组成。

由于机器人需要实现快速而频繁起停、精确到位的运动，因此要采用位置传感器、速度传感器等检测单元实现位置、速度和加速度闭环控制。

为了适应工业生产中的不同作业和操作要求，工业机器人机械结构系统中最后一个轴的机械接口通常为一个连接法兰，可接装不同功能的机械操作装置（即末端执行器），如夹爪、吸盘、焊枪等。

（2）控制器　控制器用来控制工业机器人按规定要求动作，是机器人的关键和核心部分，它类似于人的大脑，控制着机器人的全部动作，也是机器人系统中更新发展最快的部分。

控制器的任务是根据机器人的作业指令程序以及传感器反馈的信号支配执行机构完成规定的运动和功能。机器人功能的强弱以及性能的优劣，主要取决于控制器。它通过各种控制电路中硬件和软件的结合来操作机器人，并协调机器人与周边设备的关系。

（3）示教器　示教器也称示教盒或示教编程器，通过电缆与控制器连接，可由操作者手持移动。

示教器是工业机器人的人机交互接口，机器人的绝大部分操作均可以通过示教器来完成，如点动机器人，编写、测试和运行机器人程序，设定、查阅机器人状态设置和位置等。它拥有独立的 CPU 以及存储单元，与控制器之间以 TCP/IP 等通信方式实现信息交互。

二、控制器面板操作

工业机器人的控制器一般有紧凑型、标准型和专用型 3 种规格。其面板和接口的构成有操作面板、断路器、USB 端口、连接电缆、散热风扇单元等，如图 1-2 所示。专用型控制器通常用于大负载机器人或喷涂、焊接等机器人。

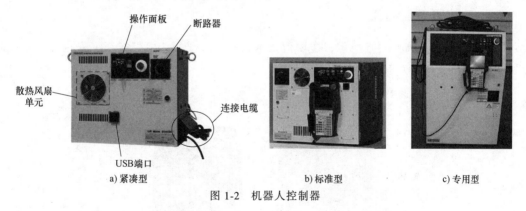

图 1-2　机器人控制器

1. 操作面板

操作面板上有模式开关、启动开关、急停按钮，如图 1-3 所示。

（1）模式开关　机器人工作模式主要有手动模式和自动模式两种。通过控制器面板上的模式开关进行切换，同时示教器状态栏显示当前工作模式。

1）手动模式。主要用于调试人员进行系统参数设置、备份与恢复、程序编辑调试等操作。在手动模式下，要激活电动机通电，必须按下使动按钮。

① T1 模式：手动状态下使用，机器人只能低速（小于 250mm/s）手动控制运行。

② T2 模式：手动状态下使用，机器人以 100% 速度手动控制运行。

2）自动模式（AUTO）。主要用于工业自动化生产作业，此时机器人使用现场总线或者系统 I/O 与外部设备进行信息交互，可以由外部设备控制运行。

（2）启动开关　启动当前所选的程序，程序启动中亮灯。

（3）急停按钮　按下此按钮可使机器人立即停止。向右旋转急停按钮即可解除按钮锁定。

2. 断路器

断路器即控制器电源开关。"ON"表示通电，"OFF"表示断电，如图 1-4 所示。

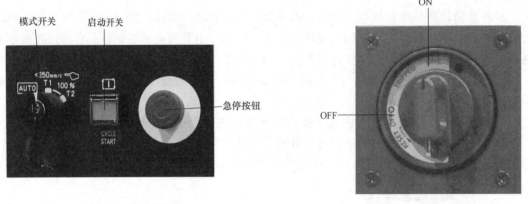

图 1-3　操作面板　　　　　　　　　　　图 1-4　断路器

当断路器处于"ON"时，无法打开控制器的柜门；只有将其旋转至"OFF"，并继续逆时针转动一段距离，才能打开柜门，但此时无法启动控制器。

三、示教器面板操作

示教器外形结构如图 1-5 所示，主要包括示教器有效开关、急停按钮、安全开关、液晶屏和 TP 操作键。

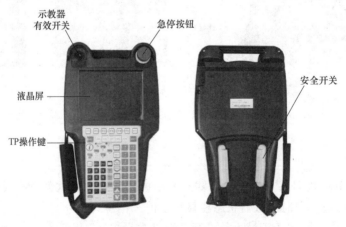

图 1-5　示教器外形结构

（1）示教器有效开关　将示教器置于有效状态。示教器无效时，点动进给、程序创建、测试执行无法进行。

（2）急停按钮　不管示教器有效开关的状态如何,一旦按下急停按钮,机器人立即停止。顺时针旋转按钮可解除急停状态。

（3）安全开关　安全开关又称使能按钮,是工业机器人为保证操作者人身安全而设置的,只有在被持续按下,且保持在"电动机开启"的状态,才可以对机器人进行手动操作与调试。当发生危险时,操作者会本能地将安全开关按钮送开或按紧,机器人则会立即停止,从而保证操作人员的安全。

安全开关按钮有全松、半按和全按 3 种状态。全松代表电动机断电,半按代表电动机通电,全按代表电动机断电。必须将安全开关按钮按下一半才能起动电动机。在完全按下和完全松开时,将无法执行机器人移动。

（4）液晶屏　主要显示各状态画面以及一些报警信号。

（5）TP 操作键　操作机器人时使用。

示教器操作键是管理应用工具软件与用户之间的接口,用来操作机器人、创建程序等,常用按键主要有功能键、轴操作键、光标键和倍率键,如图 1-6 所示⊖。示教器上各按键的图标及其功能见表 1-1。

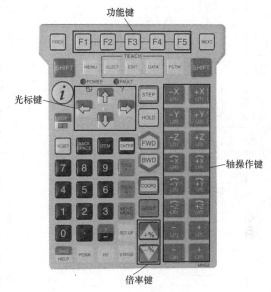

图 1-6　TP 操作键

表 1-1　各按键的图标及其功能

序号	按键	功　能	序号	按键	功　能
1	SELECT	用来显示程序一览画面	8	SHIFT	与其他按键同时按下时,可实现点动进给、位置数据的示教、程序的启动
2	NEXT	将功能键菜单切换到下一页	9	COORD	用于切换示教坐标系
3	MENU	菜单键,显示画面菜单	10	ENTER	确认键
4	SET UP	显示设定画面	11	FCTN	显示辅助菜单
5	RESET	复位键,消除警报	12	STEP	在单步执行和连续执行之间切换
6	FWD	顺向执行程序	13	TOOL 1　TOOL 2	用来显示工具 1 和工具 2 画面
7	DIAG HELP	单独按下,移动到提示画面;在与"SHIFT"键同时按下的情况下,移动到报警画面			

─── X、Y、Z 表示坐标轴时应当用斜体,此处为使图与软件显示保持一致故不做修改,同类情况不再赘述。

（续）

序号	按键	功　能	序号	按键	功　能
14	F1 F2 F3 F4 F5	功能键	22	GROUP	单独按下，按照 G1-G2-G2S-G3-···-G1 的顺序，依次切换组、副组；按住"GROUP"键的同时按住希望变更的组号码，即可变更为该组
15	BACK SPACE	用来删除光标位置之前的一个字符或数字	23	EDIT	显示程序编辑画面
16	ITEM	用于输入行号码后移动光标	24	DATA	显示数据画面
17	PREV	返回键，显示上一画面	25	STATUS	显示状态画面
18	POSN	用来显示当前位置画面	26	HOLD	暂停键，暂停机器人运动
19	I/O	用来显示 I/O 画面	27	+% -%	倍率键，用来进行速度倍率的变更
20	BWD	反向执行程序	28		移动光标
21	DISP	单独按下，移动到操作对象画面；与"SHIFT"键同时按下，分割屏幕			

其中，功能键（F1~F5）用来选择画面底部功能键菜单中对应功能。当功能键菜单右侧出现">"时，按下示教器上的"NEXT"键，可循环切换功能键菜单，如图 1-7 所示。若功能键菜单中部分选项为空白，则代表相对应的功能键按下无效。

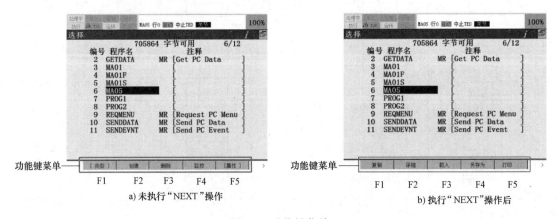

a) 未执行"NEXT"操作　　　　　　　b) 执行"NEXT"操作后

图 1-7　功能键菜单

四、车床面板操作

1. 基本面板

FANUC 0i Mate-TD 数控系统的操作面板可分为 LCD 显示区、MDI 键盘区（包括字符键和功能键等）、软键开关区和存储卡接口，如图 1-8 所示。

MDI 键盘区左侧为字母、数字和字符部分，操作时，用于字符的输入。其中"EOB"为分号（；）输入键；其他为功能或编辑键。按键说明见表 1-2。

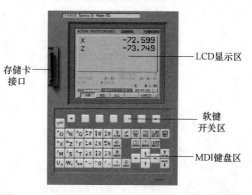

图 1-8　FANUC 0i Mate-TD 数控系统的操作面板

表 1-2　按键说明

按键名称	功 能 说 明
POS 键	按下此键显示当前机床的坐标位置画面
PROG 键	按下此键显示程序画面
OFFSET/SETTING 键	按下此键显示刀偏/设定（SETTING）画面
SHIFT 键	上档键，按一下此键，再按字符键，将输入对应右下角的字符
CAN 键	退格/取消键，可删除已输入缓存器的最后一个字符
INPUT 键	写入键，当按了地址键或数字键后，数据被输入到缓存器，并在屏幕上显示出来；为了把键入到输入缓存器中的数据复制到寄存器，按此键将字符写入指定的位
SYSTEM 键	按此键显示系统画面，包括参数、诊断、PMC（可编程机床控制器）和系统等
MESSAGE 键	按此键显示报警信息画面
CUSTOM/GRAPH 键	按此键显示用户宏画面（会话式宏画面）或显示图形画面
ALTER 键	替换键，编辑程序时修改光标块内容
INSERT 键	插入键，编辑程序时在光标处插入内容，或者插入新程序
DELETE 键	删除键，编辑程序时删除光标块的程序内容，或者删除程序
PAGE 键	翻页键，包括上下两个键，分别表示屏幕上页键和屏幕下页键
HELP 键	帮助键，按此键显示如何操作机床
RESET 键	复位键，按此键可以使 CNC（数控机床）复位，用以消除报警等
方向键	分别代表光标的上、下、左、右移动
软键开关区	这些键对应各功能键的操作功能，根据操作界面相应变化
下页键▶	此键用以扩展软键菜单，按下此键菜单改变，再次按下此键菜单恢复
返回键◀	按下对应软键时，菜单顺序改变，用此键可将菜单复位到原来的菜单

2. 操作面板

数控车床的操作面板如图 1-9 所示，各按键功能说明见表 1-3。

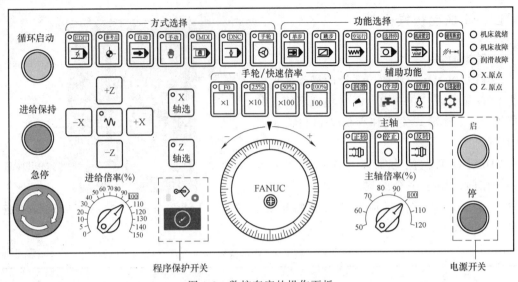

图 1-9　数控车床的操作面板

表 1-3　各按键功能说明

布局	名称	说　明
方式选择	EDIT	编辑方式键,设定程序编辑方式,其左上角带有指示灯
	参考点	按此键切换到运行回参考点操作,其左上角指示灯点亮
	自动	按此键切换到自动加工方式,其左上角指示灯点亮
	手动	按此键切换到手动加工方式,其左上角指示灯点亮
	MDI	按此键切换到 MDI 方式运行,其左上角指示灯点亮
	DNC	按此键设定 DNC 运行方式,其左上角指示灯点亮
	手轮	在此方式下执行手轮相关动作,其左上角带有指示灯
功能选择	单步	用以检查程序,按此键后,系统一段一段执行程序,其左上角带有指示灯
	跳步	此键用于跳过程序段。自动操作中若按下此键,会跳过开头带有"/"和用";"结束的程序段,其左上角带有指示灯
	空运行	在自动方式下按此键,各轴以手动进给速度移动,此键用于无工件装夹时检查刀具的运动,其左上角带有指示灯
	选择停	在自动方式下按此键,当程序段执行到 M01 指令时,自动运行停止,其左上角带有指示灯
	机床锁定	在自动方式下按下此键,X、Z 轴不移动,只在屏幕上显示坐标值的变化,其左上角带有指示灯
	超程释放	当 X、Z 轴达到硬限位时,按下此键释放限位。此时,限位报警无效,急停信号无效,其左上角带有指示灯
点动轴选	+Z 点动	在手动方式下按下此键,Z 轴向正方向点动
	-X 点动	在手动方式下按下此键,X 轴向负方向点动
	〜(快速叠加)	在手动方式下,同时按此键和一个坐标轴点动键,坐标轴按快速进给倍率设定的速度点动,其左上角带有指示灯
	+X 点动	在手动方式下按下此键,X 轴向正方向点动
	-Z 点动	在手动方式下按下此键,Z 轴向负方向点动
	X 轴选	在回零或手轮方式下对 X 轴操作时,需先按下此键以选择 X 轴,选中后其左上角指示灯点亮

（续）

布局	名称	说　明
点动轴选	Z 轴选	在回零或手轮方式下对 Z 轴操作时,需先按下此键以选择 Z 轴,选中后其左上角指示灯点亮
手轮/快速 倍率	×1/F0	手轮方式时,进给率执行 1 倍动作 手动方式时,同时按下快速叠加键和点动键,进给轴按进给倍率设定的 F0 速度进给,其左上角带有指示灯
	×10/25%	手轮方式时,进给率执行 10 倍动作 手动方式时,同时按下快速叠加键和点动键,进给轴按"手动快速运行速度"值 25% 的速度进给,其左上角带有指示灯
	×100/50%	手轮方式时,进给率执行 100 倍动作 手动方式时,同时按下快速叠加键和点动键,进给轴按"手动快速运行速度"值 50% 的速度进给,其左上角带有指示灯
	100/100%	手动方式时,同时按下快速叠加键和点动键,进给轴按"手动快速运行速度"值 100% 的速度进给,其左上角带有指示灯
辅助功能	润滑	按下此键,润滑功能输出,其指示灯点亮
	冷却	按下此键,冷却功能输出,其指示灯点亮
	照明	按下此键,机床照明功能输出,其指示灯点亮
	刀塔旋转	手动方式下按下此键,执行换刀动作,每按一次刀架顺时针转动一个刀位,换刀过程中其指示灯点亮
主轴	正转	手动方式下按此键,主轴正方向旋转,其左上角指示灯点亮
	停止	手动方式下按此键,主轴停止转动,其左上角指示灯点亮
	反转	手动方式下按此键,主轴反方向旋转,其左上角指示灯点亮
指示灯区	机床就绪	机床就绪后灯亮表示机床可以正常运行
	机床故障	当机床出现故障时机床停止动作,此指示灯点亮
	润滑故障	当润滑系统出现故障时,此指示灯点亮
	X. 原点	回零过程和 X 轴回到零点后指示灯点亮
	Z. 原点	回零过程和 Z 轴回到零点后指示灯点亮
波段旋钮 和手轮	进给倍率(%)	当波段开关旋到相应刻度时,各进给轴将按设定值乘以刻度对应百分数的值执行进给动作
	主轴倍率(%)	当波段开关旋到相应刻度时,主轴将按设定值乘以刻度对应百分数的值执行动作
	手轮	在手轮方式下,可以对各进给轴进行手轮进给操作,其倍率可以通过×1、×10、×100 键选择
其他按钮/ 开关	循环启动	按下此按钮,自动操作开始,其指示灯点亮
	进给保持	按下此按钮,自动运行停止,进入暂停状态,其指示灯点亮
	急停	按下此按钮,机床动作停止,待排除故障后,旋转此按钮,释放机床动作
	程序保护开关	把钥匙打到红色标记(右侧)处,程序保护功能开启,不能更改程序;把钥匙打到绿色标记(左侧)处,程序保护功能关闭,可以编辑程序
	电源开	用以打开系统电源,启动数控系统的运行
	电源关	用以关闭系统电源,停止数控系统的运行

五、液压机面板操作

液压机操作者必须经过培训，掌握设备性能和操作技术后，才能独立作业。作业前，应先清理模具上的各种杂物，擦净液压机杆上所有污物。液压机模具安装必须在断电情况下进行，禁止碰撞启动按钮、手柄和将脚踏在脚踏开关上。装好上下模具并对中，调整好模具间隙，不允许单边偏离中心，确认固定好后再试压模具。液压机面板具体操作流程如下：

1）液压机工作前，首先通过控制面板上的相应按钮起动设备，并空转 5min，同时检查油箱油位是否足够，液压泵声响是否正常，液压单元、管道、接头及活塞是否有泄漏现象。

2）液压机开动设备试压，检查压力是否达到工作压力，设备动作是否正常可靠，有无泄漏现象。

3）通过面板按钮调整工作压力，但不应超过设备额定压力的 90%，试压一件工件，检验合格后再生产。

4）对于不同的液压机型材及工件，压装、校正时，应随时调整液压机的工作压力和施压、保压次数与时间，并保证不损坏模具和工件。

5）机体压板上下滑动时，严禁将手和头部伸进压板、模具工作部位。

6）严禁在施压同时，对工件进行敲击、拉伸、焊割、压弯、扭曲等作业。

7）液压机周边不得有抽烟、焊割、动火行为，不得存放易燃、易爆物品。做好防火措施。

8）液压机工作完毕，应切断电源、将液压杆擦拭干净，加好润滑油，将模具、工件清理干净，摆放整齐。

六、加工中心面板操作

以 FANUC 0i 系统加工中心为例，系统面板分为两大区域，即液晶显示屏区域和编辑面板部分，编辑面板又分为数控系统 MDI 面板和功能键。

数控系统 MDI 面板和 FANUC 0i 系统立式加工中心操作面板如图 1-10 和图 1-11 所示。FANUC 0i 系统 MDI 面板各键功能说明见表 1-4，立式加工中心操作面板功能说明见表 1-5。

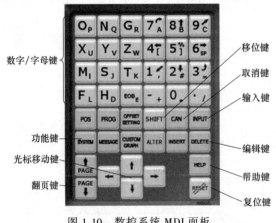

图 1-10　数控系统 MDI 面板

图 1-11　FANUC 0i 系统立式加工中心操作面板

表 1-4　FANUC 0i 系统 MDI 面板各键功能说明

键	名称	功能说明
RESET	复位键	按下此键,复位 CNC 系统,包括取消报警、主轴故障复位、中途退出自动操作循环和输入、输出过程等
数字/字母	地址和数字键	按下这些键,输入字母、数字和其他字符
INPUT	输入键	除程序编辑方式以外的情况,当面板上按下一个字母或数字键后,必须按下此键才输入 CNC 内。另外,与外部设备通信时,按下此键,才能启动输入设备,开始输入数据到 CNC 内
CURSOR	光标移动键	用于在页面上移动当前光标
PAGE	页面变换键	用于选择不同的屏幕页面
POS	位置显示键	在屏幕上显示机床当前的坐标位置
PROG	程序键	在编辑方式下,编辑和显示系统的程序 在 MDI 模式下,输入和显示 MDI 数据
OFFSET SETTING	参数设置	刀具偏置数值和宏程序变量的显示设定
CUSTOM GRAPH	辅助图形	图形显示功能,用于显示加工轨迹
SYSTEM	参数信息键	显示系统参数信息
MESSAGE	错误信息键	显示系统错误信息
ALTER	替代键	用输入域内的数据替代光标所在的数据
DELETE	删除键	删除光标所在的数据
INSERT	插入键	将输入域之中的数据插入到当前光标之后的位置
CAN	取消键	取消输入域内的数据
EOB	回车换行键	结束一行程序的输入并且换行

（ALTER、DELETE、INSERT、CAN、EOB 为"编辑键"）

表 1-5　立式加工中心操作面板功能说明

按钮	名称	功能说明
	单节	按下后,运行程序时每次执行一条数控指令
	试运行	按照机床默认的参数执行程序

（续）

按钮	名称	功 能 说 明
	单节忽略	按下后,数控程序中的注释符号"/"有效
	选择性停止	置于"ON"位置,"M01"代码有效
	机床锁定	X、Y、Z方向轴都被锁定,按下机床不能移动
	辅助功能锁定	按下后,辅助指令 M、S、T 不起作用
	Z轴锁定	Z方向轴被锁定,按下此键时 Z 轴不能移动
	门互锁开	数控机床的机床门是否允许被打开
	系统启动	启动系统
模式选择旋钮	编辑方式	直接通过操作面板输入数控程序和编辑程序
	自动方式	进入自动加工模式
	在线加工	进入远程执行模式
	MDI 模式	进入单程序段执行模式
	手轮方式	进入手轮方式,连续移动
	手动方式	进入手动方式,连续移动
	快速方式	进入手动方式,快速连续移动
	回零模式	机床回零。机床必须首先执行回零操作,然后才可以运行
	进给倍率	将光标移至此旋钮上后,通过单击鼠标的左键或右键来调节数控程序自动运行时的进给速度倍率
	快速倍率	在快速方式下,通过此旋钮来调节快速移动的倍率
	主轴倍率	将光标移至此旋钮上后,通过单击鼠标的左键或右键来调节主轴倍率
	超程释放	当机床出现超程报警时,按住该按钮不松,机床会向超程的相反方向移动工作台,以解除超程
	主轴控制按钮	从左至右分别为正转、停止、反转
	切削液控制	从左至右分别为切削液自动控制、切削液手动控制
	吹屑开关	运行吹屑装置,用以保持主轴锥孔的清洁

（续）

按钮		名称	功能说明
		循环启动	程序运行开始。模式选择旋钮在"→"或"▣"位置时按下有效,其余模式下使用无效
		暂停	程序运行暂停。在程序运行过程中,按下此按钮运行暂停,按"○"恢复运行
		电源开	启动控制系统
		电源关	关闭控制系统
		急停按钮	按下急停按钮,机床移动立即停止,并且所有的输出,如主轴的转动等都会关闭
	HAND	手轮显示按钮	按下此按钮,则可以显示出手轮

第二节　示教调试

培训目标

1. 能选用机器人各种坐标运动模式记录示教程序点
2. 能对六轴等多关节机器人进行示教编程
3. 能进行数控机床、液压机等设备和机器人的联动运行操作
4. 能载入离线程序

一、坐标系

坐标系是为确定机器人的位置和姿态而在机器人或空间上进行定义的位置指标系统。

工业机器人系统中常用的坐标系有关节坐标系、基坐标系、工具坐标系和用户坐标系。其中基坐标系、工具坐标系和用户坐标系均属于直角坐标系。机器人大部分坐标系都是笛卡儿直角坐标系,符合右手规则,即三个轴的正方向符合右手规则(右手大拇指指向 Z 轴正方向,食指指向 X 轴正方向,中指指向 Y 轴正方向),如图 1-12 所示。

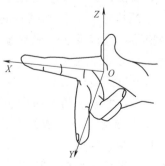

图 1-12　右手规则

1. 关节坐标系

关节坐标系是设定在机器人关节中的坐标系,如图 1-13 所示。在关节坐标系下,工业机器人各轴均可实现单独正向或反向运动。对于大范围运动且不要求工具中心点姿态时,可选择关节坐标系。

2. 基坐标系

基坐标系是机器人工具和工件坐标系的参照基础，是工业机器人示教与编程时经常使用的坐标系之一。工业机器人出厂前，其基坐标系已由生产商定义好，用户不可以更改。

各生产商对机器人基坐标系的定义各不相同，需要参考其技术手册。例如，某机器人的基坐标系原点位置定义在 J2 轴所处水平面与 J1 轴交点处，Z_1 轴向上，X_1 轴向前，Y_1 轴按右手规则确定，见图 1-14 和图 1-15 中的坐标系 $O_1X_1Y_1Z_1$。

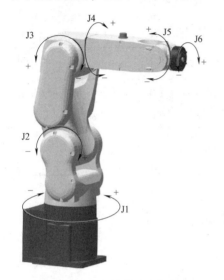

图 1-13　各关节运动方向

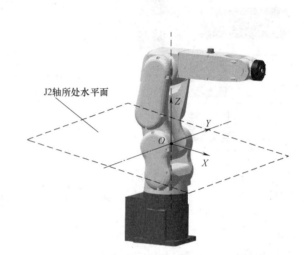

图 1-14　基坐标系

3. 工具坐标系

工具坐标系是用来定义工具中点位置和工具姿态的坐标系。其中工具中心点（Tool Center Point，TCP）是机器人系统的控制点，出厂时默认为最后一个运动轴或连接法兰的中心。

未定义时，工具坐标系默认在连接法兰中心处，如图 1-16 所示。安装工具后，TCP 将发生变化，变为工具末端的中心。为实现精确运动控制，当换装工具或发生工具碰撞时，工具坐标系必须事先进行定义，如图 1-15 所示的坐标系 $O_2X_2Y_2Z_2$。

工具坐标系的方向随腕部的移动而发生变化，与机器人的位姿无关。因此，在进行相对于工件不改变工具姿态的平移操作时，选用该坐标系最为适宜。

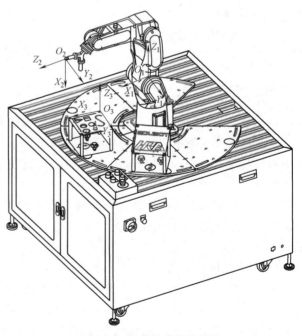

图 1-15　机器人常用坐标系

4. 用户坐标系

用户坐标系又称为工件坐标系，是以基坐标系为参考，在工件或工作台上建立的坐标系，如图 1-15 所示的坐标系 $O_3X_3Y_3Z_3$。

当机器人配置多个工件或工作台时，选用用户坐标系可使操作更为简单。在用户坐标系中，TCP 将沿用户自定义的坐标轴方向运动。

用户坐标系的优势是当机器人运行轨迹相同，而工件位置不同时，只需要更新用户坐标系即可，无须重新编程。

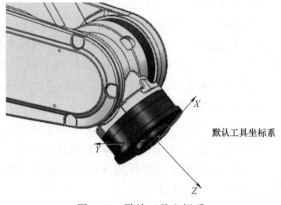

图 1-16 默认工具坐标系

二、运动模式

机器人手动操作的运动模式主要有单轴运动、线性运动、重定位运动。

1. 单轴运动

一般来说，工业机器人有多少个关节轴，就有多少个伺服电动机，每个伺服电动机驱动对应的一个关节轴，而每次手动只操作机器人某一个关节轴的转动，就称为单轴运动，如图 1-17a 所示。单轴运动是只有在机器人关节坐标系下才有的运动模式。

单轴运动在一些特别场合使用时会方便操作，例如，在进行伺服编码器角度更新时可以用单轴运动的操作；当机器人出现机械限位和软件限位，即机器人超出运动范围而停止时，可以利用单轴运动进行手动操作，将机器人移动到合适的位置。单轴运动在进行粗略定位和比较大幅度的移动时，会比其他手动操作模式更快捷方便。

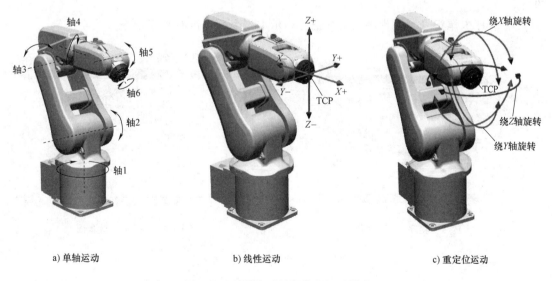

a) 单轴运动　　　　　　b) 线性运动　　　　　　c) 重定位运动

图 1-17 机器人手动操作的运动模式

2. 线性运动

机器人的线性运动是指机器人 TCP 在空间中做直线运动，如图 1-17b 所示。

机器人线性运动时需要指定坐标系，如基坐标系、工具坐标系和工件坐标系。当指定了某个坐标系后，线性运动就是机器人 TCP 在该坐标系下沿 X、Y、Z 轴方向上的直线运动，其移动幅度一般较小，适合较为精确的定位和移动。

3. 重定位运动

机器人的重定位运动是指机器人 TCP 在空间中绕着对应的坐标轴旋转的运动，也可以理解为机器人绕着 TCP 作姿态调整的运动，如图 1-17c 所示。

重定位运动的手动操作能更全方位地移动和调整 TCP 的姿态，经常用于检验建立的工具坐标系是否符合要求。

三、机器人示教编程

1. 程序构成

机器人应用程序由用户编写的一系列机器人指令以及其他附带信息构成，以使机器人完成特定的作业任务。程序除了记述机器人如何进行作业的程序信息外，还包括程序属性等详细信息。

（1）程序一览画面　程序一览画面如图 1-18 所示，说明如下：

1）存储器剩余容量。显示当前设备所能存储的程序容量。

2）程序名称。用来区别存储在控制器内的程序，在相同控制器内不能创建相同名称的程序。

3）程序注释。用来记述与程序相关的说明性附加信息。

（2）程序编辑画面　程序编辑画面如图 1-19 所示，说明如下：

1）行号码。记述程序各指令的行编号。

2）动作指令。以指定的移动速度和移动方法，使机器人向作业空间内的指定位置移动的指令。

3）程序末尾记号。是程序结束标记，表示本指令后面没有程序指令。

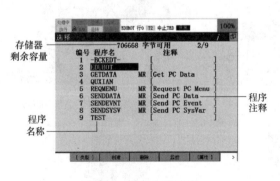

图 1-18　程序一览画面

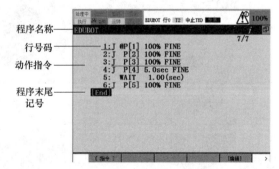

图 1-19　程序编辑画面

2. 在线示教

通过在线示教方式为机器人输入从工件 A 点到 B 点的焊接作业程序，该过程的程序由 6

个程序点组成（编号 P1~P6），机器人焊接加工运动轨迹及各程序点用途说明如图 1-20 所示。

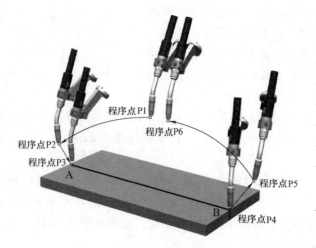

程序点	说明
程序点P1	机器人原点位置
程序点P2	作业接近点
程序点P3	作业开始点
程序点P4	作业结束点
程序点P5	作业规避点
程序点P6	机器人原点位置

为了提高工作效率，通常将程序点P6和程序点P1设在同一位置。

图 1-20　机器人焊接加工运动轨迹及各程序点用途说明

机器人在线示教的基本流程如图 1-21 所示。

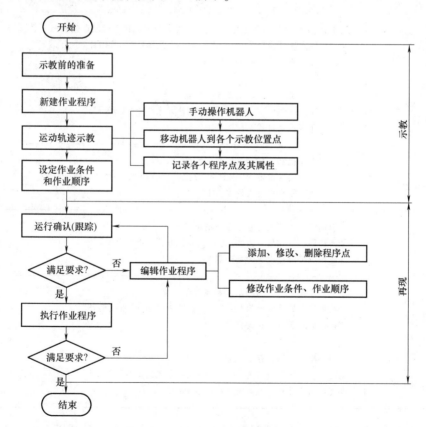

图 1-21　机器人在线示教的基本流程

（1）示教前的准备　机器人开始示教前，需要做好如下准备：

1）清洁工件表面。使用钢刷、砂纸等工具将钢板表面的铁锈、油污等杂质清理干净。

2）工件装夹。利用夹具将钢板固定在机器人工作台上。

3）安全确认。确认操作者自身和机器人之间保持安全距离。

4）工具坐标系建立。手动操作机器人新建合适的工具坐标系。

5）工件坐标系建立。手动操作机器人新建合适的工件坐标系。

6）机器人原点位置复位。通过手动操作或调用原点位置程序将机器人复位至原点位置。

（2）新建作业程序　作业程序是用机器人语言描述机器人工作单元的作业内容，主要用于输入示教数据和机器人指令。通过示教器新建一个作业程序可以测试、再现示教动作。

（3）程序点的输入　以图 1-20 所示的运动轨迹为例，给机器人输入一段直线焊缝的作业程序。处于待机状态的位置程序点 P1 和程序点 P6，要处于与工件、夹具等互不干涉的位置。另外，机器人末端执行器由程序点 P5 向程序点 P6 移动时，也要处于与工件、夹具等互不干涉的位置。运动轨迹示教方法见表 1-6。

表 1-6　运动轨迹示教方法

程序点	示教方法
程序点 P1 （机器人原点位置）	①工具、工件坐标系建立完成后，手动操纵机器人移动至原点位置 ②将程序点属性设定为"空走点"，插补方式选择"关节插补" ③将机器人原点位置设置为程序点 P1
程序点 P2 （作业接近点）	①手动操作机器人移动至作业接近点 ②将程序点属性设定为"空走点"，插补方式选择"关节插补" ③将作业接近点设置为程序点 P2
程序点 P3 （作业开始点）	①手动操作机器人移动至作业开始点 ②将程序点属性设定为"作业点/焊接点"，插补方式选择"直线插补" ③将作业开始点设置为程序点 P3
程序点 P4 （作业结束点）	①手动操作机器人移动至作业结束点 ②将程序点属性设定为"空走点"，插补方式选择"直线插补" ③将作业结束点设置为程序点 P4
程序点 P5 （作业规避点）	①手动操作机器人移动至作业规避点 ②将程序点属性设定为"空走点"，插补方式选择"直线插补" ③将作业规避点设置为程序点 P5
程序点 P6 （机器人原点位置）	①手动操作机器人移动至原点位置 ②将程序点属性设定为"空走点"，插补方式选择"关节插补" ③将机器人原点位置设置为程序点 P6

对于程序点 P6 的示教，在示教器显示屏的通用显示区（程序编辑界面），利用文件编辑功能（如剪切、复制、粘贴等），可快速复制程序点 P1 位置。典型程序点的编辑见表 1-7。

表 1-7 典型程序点的编辑

示教点编辑	操作要领	动作示意图
添加	①使用示教器跟踪功能将机器人移动至程序点 P1 位置 ②手动操作机器人移动至新的目标位置(程序点 P3) ③使用示教器添加指令功能记录程序点 P3	程序点P3 程序点P1 程序点P2
修改	①使用示教器跟踪功能将机器人移动至程序点 P2 位置 ②手动操作机器人移动至新的目标位置 ③使用示教器修改指令功能记录程序点 P3	程序点P2 程序点P1 程序点P3
删除	①使用示教器跟踪功能将机器人移动至程序点 P2 位置 ②使用示教器删除指令功能删除程序点 P2	程序点P2 程序点P1 程序点P3

注：1. "－－▶"表示编辑前的运动路径。
2. "——▶"表示编辑后的路径。

（4）设定作业条件和作业顺序 本例中焊接作业条件的输入主要包括 3 个方面：

1）在作业开始命令中设定焊接开始规范及焊接开始动作顺序。

2）在焊接结束命令中设定焊接结束规范及焊接结束动作顺序。

3）手动调节保护气体流量。在编辑模式下合理配置焊接参数。

（5）检查试运行 在完成机器人运动轨迹和作业条件输入后，需试运行测试一下程序，以便检查各程序点及参数设置是否正确，此过程即跟踪。跟踪的主要目的是检查示教生成的动作以及末端执行器姿态是否已被记录。一般工业机器人可采用以下两种跟踪方式来确认示教的轨迹与期望是否一致。

1）单步运行。机器人通过逐行执行当前行（光标所在行）的程序语句，来实现两个临近程序点间的单步正向或反向移动。执行完一行程序语句后，机器人动作暂停。

2）连续运行。机器人通过连续执行作业程序，从程序的当前行至程序的末尾，来完成多个程序点的顺序连续移动。该方式只能实现正向跟踪，常用于作业周期估计。

确认机器人附近无其他人员后，按以下顺序执行作业程序的测试运行：

① 打开要测试的程序文件。

② 移动光标至期望跟踪程序点所在的命令行。

③ 操作示教器上有关跟踪功能的按键，实现机器人的单步或连续运行。

执行检查运行时，一般不执行起弧、涂装等作业命令，只执行运动轨迹再现。

（6）再现运行 示教操作生成的作业程序，经测试无误后，将"模式选择"调至"再

19

现模式"或"自动模式"，通过运行示教过的程序即可完成对工件的再现作业。

在确认机器人的运行范围内没有其他人员或障碍物后，接通保护气体，采用手动启动方式来实现自动焊接作业，操作顺序如下：

1）打开要再现的作业程序，并移动光标至该程序的开头。

2）切换"模式选择"至"自动模式"。

3）按示教器上的"安全开关"，接通伺服电源。

4）按"启动按钮"，机器人开始运行，实现从工件 A 点到 B 点的焊接作业再现操作。

执行程序时，光标会跟随再现过程移动，程序内容会自动滚动显示。

3. 程序指令

（1）基本运动指令　工业机器人常用的基本运动指令有关节运动指令、线性运动指令和圆弧运动指令。

1）关节运动指令。机器人用最快捷的方式运动至目标点。此时机器人运动状态不完全可控，但运动路径保持唯一。常用于机器人在空间中大范围移动。

2）线性运动指令。机器人以直线移动方式运动至目标点。当前点与目标点两点决定一条直线，机器人运动状态可控制，且运动路径唯一，但可能出现奇点。常用于机器人在工作状态下移动。

3）圆弧运动指令。机器人通过中间点以圆弧移动方式运动至目标点。当前点、中间点与目标点三点决定一段圆弧。机器人运动状态可控制，运动路径保持唯一。常用于机器人在工作状态下移动。

四大家族机器人的常用基本运动指令见表 1-8。

表 1-8　四大家族机器人的常用基本运动指令

运动方式	运动路径	基本运动指令			
		ABB	KUKA	YASKAWA	FANUC
点位运动	PTP	MoveJ	PTP	MOVJ	J
连续路径运动	直线	MoveL	LIN	MOVL	L
	圆弧	MoveC	CIRC	MOVC	C

1）关节运动指令和线性运动指令。机器人关节运动与线性运动示意如图 1-22 所示。

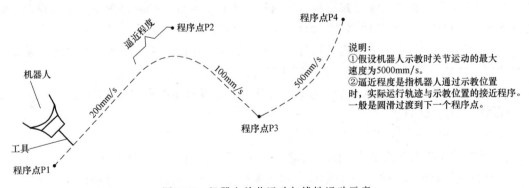

图 1-22　机器人关节运动与线性运动示意

在程序中添加基本运动指令时，一般要指定该指令是在哪个工具坐标系下运行。

四大家族机器人的线性运动与关节运动程序见表1-9（按图1-22所示轨迹运动）。

表1-9　四大家族机器人的线性运动与关节运动程序

程序输入	注　释
ABB机器人： MoveL p2,v200,z10,tool1\wobj:=wobj0; MoveL p3,v100,fine,tool1\wobj:=wobj0; MoveJ p4,v500,fine,tool1\wobj:=wobj0;	MoveL:线性运动指令 MoveJ:关节运动指令 p2:目标位置名称,即程序点P2 p3:目标位置名称,即程序点P3 p4:目标位置名称,即程序点P4 v200:移动速度为200mm/s v100:移动速度为100mm/s v500:移动速度为500mm/s z10:转弯区数据,表示逼近程度,转弯圆弧半径为10mm,且在该点不停顿,直接运行至下一程序点 fine:实际位置与示教位置重合,且在该点停顿 tool1:指令运行时所指定使用的工具坐标系 wobj0:指令运行时所指定使用的工件坐标系
KUKA机器人： LIN P2 CONT Vel=0.2m/s CPDAT1 ADAT1 Tool[2]:tool Base[2]:base LIN P3 Vel=0.1m/s CPDAT2 Tool[2]:tool Base[2]:base PTP P4 Vel=10% PDAT1 Tool[2]:tool Base[2]:base	LIN:线性运动指令 PTP:关节运动指令 P2:目标位置名称,即程序点P2 P3:目标位置名称,即程序点P3 P4:目标位置名称,即程序点P4 Vel=0.2m/s:移动速度为0.2m/s Vel=0.1m/s:移动速度为0.1m/s Vel=10%:移动速度占关节运动最大速度的比率,指移动速度为关节最大运动速度的10%,即500mm/s CONT:目标点被实际轨迹逼近。而空白表示机器人将精确移动至目标点 CPDAT1、CPDAT2:线性运动数据组名称 PDAT1:关节运动数据组名称 ADAT1:含逻辑参数的数据组名称,可被隐藏 Tool[2]:指令运行时所指定使用的工具坐标系 Base[2]:指令运行时所指定使用的工件坐标系
YASKAWA机器人： MOVL V=200 PL=2 NWAIT UNTIL IN#(16)=ON MOVL V=100 PL=0 NWAIT UNTIL IN#(16)=ON MOVJ VJ=10.00 PL=0 NWAIT UNTIL IN#(16)=ON	MOVL:线性运动指令 MOVJ:关节运动指令 V=200:移动速度为200mm/s V=100:移动速度为100mm/s VJ=10.00:移动速度占关节运动最大速度的比率,指移动速度为关节最大运动速度的10%,即500mm/s PL=2:位置等级为2,表示逼近程度。而位置等级为0表示机器人将精确移动至目标点 NWAIT UNTIL IN#(16)=ON:表示当输入信号IN#(16)等于1时,执行该运动指令

（续）

程序输入	注 释
FANUC 机器人： L P[2] 200mm/sec CNT10 L P[3] 100mm/sec FINE J P[4] 10% FINE	L：线性运动指令 J：关节运动指令 P[2]：目标位置名称，即程序点 P2 P[3]：目标位置名称，即程序点 P3 P[4]：目标位置名称，即程序点 P4 200mm/sec：移动速度为 200mm/s 100mm/sec：移动速度为 100mm/s 10%：移动速度占关节运动最大速度的比率，指移动速度为关节最大运动速度的 10%，即 500mm/s CNT10：圆滑过渡，表示逼近程度，且在该点不停顿，直接运行至下一程序点 FINE：在目标位置停顿后，向下一程序点移动

2）圆弧运动指令。机器人圆弧运动如图 1-23 所示。

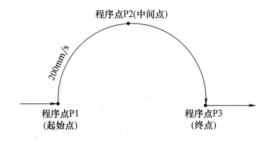

图 1-23　机器人圆弧运动

在程序中添加基本运动指令时，一般要指定该指令是在哪个工具坐标系下运行。

四大家族机器人的圆弧运动程序见表 1-10（按图 1-23 所示轨迹运动）。

表 1-10　四大家族机器人的圆弧运动程序

程序输入	注 释
ABB 机器人： MoveL p1,v100,fine,tool1\wobj:=wobj0; MoveC p2,p3,v200,fine,tool1\wobj:=wobj0;	MoveC：圆弧运动指令 p1：圆弧起始点，即程序点 P1 p2：圆弧中间点，即程序点 P2 p3：圆弧终点，即程序点 P3 v200：沿圆弧移动的速度为 200mm/s 其余参数含义参照表 1-9
KUKA 机器人： LIN P1 Vel = 0.1m/s CPDAT1 Tool[2]：tool Base[2]：base CIRC P2 P3 Vel = 0.2m/s CPDAT2 ANGLE = 180° Tool[2]：tool Base[2]：base	CIRC：圆弧运动指令 P1：圆弧起始点，即程序点 P1 P2：圆弧中间点，即程序点 P2 P3：圆弧终点，即程序点 P3 Vel = 0.2m/s：沿圆弧移动的速度为 0.2m/s ANGLE = 180°：圆心角，表示机器人在执行圆弧运动时所转过的角度。图 1-23 中圆心角为 180° 其余参数含义参照表 1-9

（续）

程序输入	注　释
YASKAWA 机器人： MOVC V = 200 PL = 0 NWAIT MOVC V = 200 PL = 0 NWAIT MOVC V = 200 PL = 0 NWAIT	MOVC：圆弧运动指令 连续 3 条 MOVC 指令表示确定圆弧运动的 3 个点：圆弧起始点（程序点 1）、圆弧中间点（程序点 2）、圆弧终点（程序点 3） V = 200：沿圆弧移动的速度为 200mm/s NWAIT：表示连续执行 其余参数含义参照表 1-9
FANUC 机器人： L P[1] 100mm/sec FINE C P[2] P[3] 200mm/sec FINE	C：圆弧运动指令 P[1]：圆弧起始点，即程序点 P1 P[2]：圆弧中间点，即程序点 P2 P[3]：圆弧终点，即程序点 P3 200mm/sec：沿圆弧移动的速度为 200mm/s 其余参数含义参照表 1-9

（2）其他指令　其他指令包括作业指令、I/O 指令、寄存器指令和跳转指令等。这些指令的具体运用请参考机器人手册或操作说明书。

1）作业指令。这类指令是根据工业机器人具体应用领域而编制的，例如搬运指令、码垛指令、焊接指令等四大家族机器人的弧焊作业指令见表 1-11。

表 1-11　四大家族机器人的弧焊作业指令

类别	弧焊作业指令			
	ABB	KUKA	YASKAWA	FANUC
焊接开始	ArcLStart/ArcCStart	ARC_ON	ARCON	Arc Start
焊接结束	ArcLEnd/ArcCEnd	ARC_OFF	ARCOF	Arc End

2）I/O 指令。该类指令可以读取外部设备输入信号或改变输出信号状态。

3）寄存器指令。该类指令用于进行寄存器的算术运算。

4）跳转指令。这类指令能够改变程序的执行，使执行中的某一行程序转移至其他行，如程序结束指令、条件指令、循环指令和判断指令等。

四、离线程序载入

离线编程软件中的 TP 程序与现场机器人的 TP 程序可以相互导入和导出，即将程序导入到机器人，或将现场的程序导入到离线编程软件中。

在示教功能菜单中选择保存 TP 程序，如图 1-24 所示，单击 "Teach"→"Save All TP Programs"，可以直接保存 TP 程序到某个文件夹，也可将 TP 程序存为 txt 格式，在计算机中查看。若要导入程序则选择 "Load Programs"（加载程序）。

当然，也可使用与现场机器人同样的方式，用 TP 将程序导出。此时导出的程序保存在对应的机器人文件夹中。同时，若要将其他 TP 程序导入到机器人中，也要将程序复制到此文件夹下，再执行加载操作。

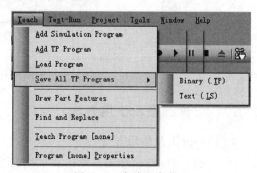

图 1-24　离线程序载入

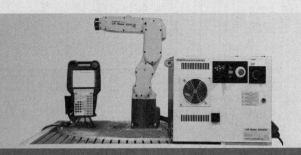

第二单元

关节机器人操作与调整（中级）

第一节　工具准备

> **培训目标**
>
> 1. 能选用扳手、锉刀、锤子等工具
> 2. 能选用螺钉旋具、万用表等工具
> 3. 能选用气动螺钉旋具、液压端子压线钳等工具

一、常用工具

机器人系统操作调整常用工具有：扳手、螺钉旋具、锤子、钳子、电钻、万用表、剥线钳、液压端子压线钳等，如图 2-1 所示。

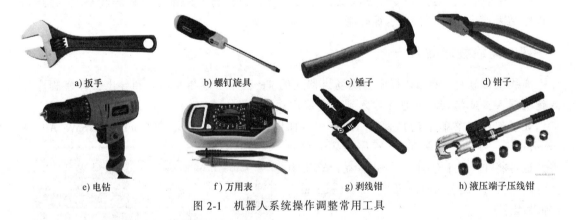

a) 扳手　　　　b) 螺钉旋具　　　　c) 锤子　　　　d) 钳子

e) 电钻　　　　f) 万用表　　　　g) 剥线钳　　　　h) 液压端子压线钳

图 2-1　机器人系统操作调整常用工具

二、工具选型及使用方法

1. 扳手分类及使用方法

扳手是利用杠杆原理扭转螺栓和螺母的工具，以爪口的宽度来确定扳手的尺寸。通常有六种类型，即呆扳手、梅花扳手、套筒扳手、活扳手、内六角扳手和扭力扳手。

（1）呆扳手 呆扳手是最常见的一种扳手，从结构上分有单头和双头两种，如图 2-2 所示。其开口的中阀平面和本体中阀平面成 15°角，这样既能适应人手的操作方向，又可降低对操作空间的要求。在所需力矩较大时，可与锤子配合使用。

a) 单头扳手　　　　　　　　　　　　　b) 双头扳手

图 2-2　呆扳手示意图

呆扳手的规格是以两端开口的宽度 S（mm）来表示的，即扳手上的尺寸数字为开口的毫米数，按其开口的宽度大小分为 8~10mm、12~14mm、17~19mm 等规格。呆扳手通常成套装备，有 8 件、10 件一套等，常用 45、50 钢锻造，并经热处理。

使用扳手紧固螺栓时，应检查扳手和螺栓有无裂纹或损坏。在紧固时，不能用力过猛或用锤子敲打扳手。大扳手需要套管加力时，应注意安全。具体注意事项如下：

1）工具与工件规格相同，如果配合不当容易使螺栓或螺母的棱角损坏。

2）使用推力拆装时应用手掌力推动，而不能用握推方式。为了防止扳手损坏和滑脱，应使拉力作用在开口较厚的一边。

3）不能将两个扳手对接或用套筒套接，以免损坏扳手或发生意外。

（2）梅花扳手 梅花扳手的扳头是一个封闭的梅花形，两端是环状的，环的内孔由两个正六边形互相同心错转 30°而成，可将螺栓和螺母头部套住，使用时，扳动 30°后，即可换位再套。梅花扳手适用于工作空间狭小，不能使用稍大扳手的场合。梅花扳手示意如图 2-3 所示。

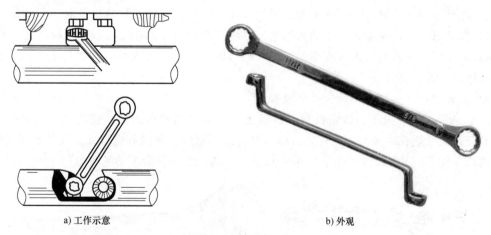

a) 工作示意　　　　　　　　　　　　　b) 外观

图 2-3　梅花扳手示意

1）梅花扳手的特点如下：

① 工作部分是封闭的环状，对螺栓或螺母的棱角损伤很小，使用起来比较安全。

② 与呆扳手相比，梅花扳手强度高，使用时不易滑脱，但套上取下不方便。

③ 梅花扳手的规格是以闭口尺寸 S（mm）来表示的，即扳手上的尺寸数字为闭口的毫

米数，如 14～17mm、17～19mm、22～24mm、24～27mm 和 30～32mm 等。梅花扳手通常成套装备，有 8 件、10 件一套等，用 45 钢或 40Cr 钢锻造，并经热处理。

2）使用梅花扳手时的注意事项如下：

① 使用梅花扳手时，大拇指抵住扳头，其余四指握紧扳手柄部往身边拉扳，切不可向外推扳，扳手的平面一定要和螺母平行且用力适度。

② 在使用扳手遇到有过紧的螺栓或螺母时，不可用力过猛。

③ 注意运动的方向有没有尖锐物体，以防螺栓突然松脱，手撞到尖锐物体上而受伤。

④ 使用时不准在扳手上任意加套管或捶击，不能将扳手当撬棍使用。

（3）套筒扳手　由一套尺寸不等的梅花筒组成，材料、环孔形状与梅花扳手相同，如图 2-4 所示。使用时用弓形手柄连续转动，工作效率较高。常用规格是 10～32mm，适用于拆装所处位置狭窄或需要一定力矩的螺栓或螺母，螺母的棱角不易被损坏。

图 2-4　套筒扳手

使用套筒扳手时的注意事项如下：

1）使用时根据螺栓、螺母的尺寸选好套筒，套在快速摇柄的方形端头上（视需要，与长接杆或短接杆配合使用），再将套筒套住螺栓、螺母，转动快速摇柄进行拆装。

2）用棘轮手柄扳转时，不准拆装过紧的螺栓、螺母，以免损坏棘轮手柄。

3）拆装时，握快速摇柄的手切勿摇晃，以免套筒滑出或损坏螺栓、螺母的六角。

4）禁止用锤子将套筒击入变形的螺栓、螺母的六角进行拆装，以免损坏套筒；禁止使用内孔磨损严重的套筒。

5）工具用毕，应清洗油污，妥善放置。

（4）活扳手　活扳手由固定扳唇、活动扳唇、蜗轮和轴销组成，使用场合与呆扳手相同，其开口尺寸能在一定范围内任意调整，其优点是遇到不规则的螺母或螺栓时更能发挥作用，故应用较广，如图 2-5 所示。使用时右手握手柄，手越靠后扳动越省力。

图 2-5　活扳手

1—活动扳唇　2—扳口　3—固定扳唇　4—蜗轮　5—手柄　6—轴销

活扳手的规格是以扳手全长（mm）与最大开口宽度（mm）来表示的，常用的尺寸型号有 150mm、200mm、250mm、300mm 四种规格，见表 2-1。由于它的开口尺寸可以在规定范围内任意调节，所以特别适于在螺栓规格多的场合使用。

表 2-1　常用活扳手的规格

长度/mm	100	150	200	250	300	350	375	450	600
开口最大宽度/mm	14	19	24	30	36	41	46	55	65

使用时，应将扳唇紧压螺母的平面。扳动大螺母时，手应握在接近手柄尾处。扳动较小的螺母时，手应握在接近头部的位置。施力时手指可随时旋调蜗轮，收紧活动扳唇，以防打滑。扳动小螺母时，因需要不断地转动蜗轮，调节扳口大小，所以手应握在靠近固定扳唇的位置，并用大拇指调节蜗轮，以适应螺母的大小。活扳手的扳口夹持螺母时，固定扳唇在上，活动扳唇在下，切不可反过来使用。活扳手的使用注意事项如下：

1）使用活扳手时，扳手开口的固定端要在用力的一侧，活动端要在支持的一侧，否则容易损坏活扳手。

2）当拧不动时，切不可采用钢管套在活扳手的手柄上来增加拧力，因为这样极易损伤活动扳唇。

3）活扳手不可当作撬棒或锤子使用。

4）使用活扳手时，一定要调整好开口尺寸，使之与螺母棱角配合紧密，小心使用，以防损坏螺母棱角。

5）在扳动生锈的螺母时，可在螺母上滴几滴煤油或机油，方便拧动。

（5）内六角扳手　内六角扳手是用来拆装内六角螺钉（螺塞）的，如图 2-6 所示。规格以六角形对边尺寸 S（mm）表示，常有 3~27mm 等 12 种尺寸。机器人维修作业中用成套的内六角扳手，可供拆装 M4~M30 的内六角螺钉。

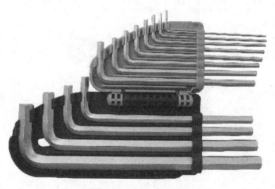

图 2-6　内六角扳手

（6）扭力扳手　扭力扳手是一种可读出所施力矩大小的扳手，由扭力杆和套筒头组成。凡是对螺母、螺栓有明确规定力矩的（如气缸盖，曲轴与连杆的螺栓、螺母等），都要使用扭力扳手，如图 2-7 所示。

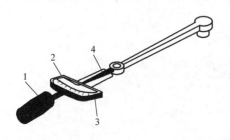

图 2-7　扭力扳手

1—手柄　2—指针　3—扭力刻度　4—针杆　5—棘轮头　6—预调式绞接　7—带刻度的手柄

扭力扳手除用来控制旋紧力矩外，还可以用来测量旋转件的起动转矩，以检查配合、装配情况。以最大可测力矩来划分，常用的有 294N·m、490N·m 两种。使用扭力扳手的注意事项如下：

1）拆装时用左手把住套筒，右手握紧扭力扳手手柄往身边扳转。禁止往外推，以免滑脱而损伤身体。

2）拧紧力矩较大、工件较大、螺栓数较多的螺栓、螺母时，应分次按一定顺序拧紧。

3）拧紧螺栓、螺母时，不能用力过猛，以免损坏螺纹。

4）禁止使用无刻度盘或刻度线不清的扭力扳手。

5）拆装时，禁止在扭力扳手的手柄上再加套管或用锤子捶击。

6）扭力扳手使用后应擦净油污，妥善放置。

7）预置式扭力扳手使用前应做好调校工作，用后应将预紧力矩调到零位。

2. 锉刀及使用方法

锉刀是用来锉削金属板、金属棍或塑料板等的一种工具，用于对金属、木料、皮革等表层做微量加工。锉刀用碳素工具钢 T13 或 T12 制成，经热处理后切削部分硬度达 62~72HRC。

锉刀由锉身和锉刀柄两部分组成，外观如图 2-8 所示。锉刀面是锉削的主要工作面，一般将锉刀面的前端做成凸弧形，便于锉削工件平面的局部；锉刀边是指锉刀的两侧面，有的其中一边有齿，另一边无齿（称为光边），这样在锉削内直角工件时，可保护相邻面；锉刀舌用来装锉刀柄，结构如图 2-8、图 2-9 所示。

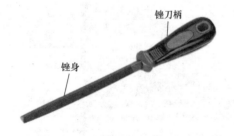

图 2-8 锉刀外观

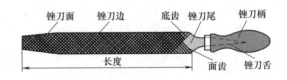

图 2-9 锉刀的结构

锉刀的锉齿和锉纹起切削作用，锉削时每个锉齿相当于一把錾子，对金属材料进行切削。锉齿分为铣齿、剁齿，如图 2-10 所示；锉纹分单齿纹和双齿纹两种，如图 2-10、图 2-11 所示。一般锉刀边做成单齿纹，锉刀面做成双齿纹，底齿角为 75°，面齿角为 65°。

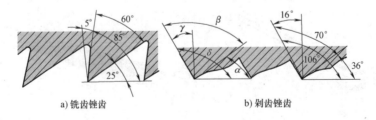

a) 铣齿锉齿　　b) 剁齿锉齿

图 2-10 锉齿

锉刀按用途的不同可分为钳工锉、整形锉和异形特种锉。钳工锉按其断面形状分为扁锉

（板锉）、方锉、三角锉、半圆锉和圆锉 5 种，
如图 2-12 所示。整形锉因分组配备各种断面
形状的小锉而得名，主要用于修整工件上的
细小部分。异形特种锉用来加工工件特殊表
面，有刀形锉、菱形锉、扁三角锉、椭圆锉、
圆肚锉等，如图 2-13 所示。

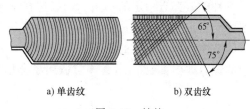

a) 单齿纹　　　b) 双齿纹

图 2-11　锉纹

图 2-12　钳工锉

图 2-13　异形特种锉刀

　　锉刀的规格分为尺寸规格和齿纹的粗细规格。

　　1）钳工锉的尺寸规格用锉身的长度表示（方锉用端面边长表示，圆锉用端面直径表示）；特种锉的尺寸规格用锉刀的长度表示；整形锉用每套的支数表示，如图 2-14 所示。

　　2）齿纹的粗细规格，依照 QB/T 3844—1999 规定，以锉刀每 10mm 轴向长度内的主要锉纹条数来表示，通常用 1~5 号锉齿表示，锉刀齿纹粗细规格见表 2-2。以 300mm 锉刀为例，1 号锉纹有 8 条粗齿锉，2 号锉纹有 11 条中齿锉，3 号锉纹有 16 条细齿锉，4 号锉纹有 22 条粗油光锉，5 号锉纹有 32 条细油光锉。

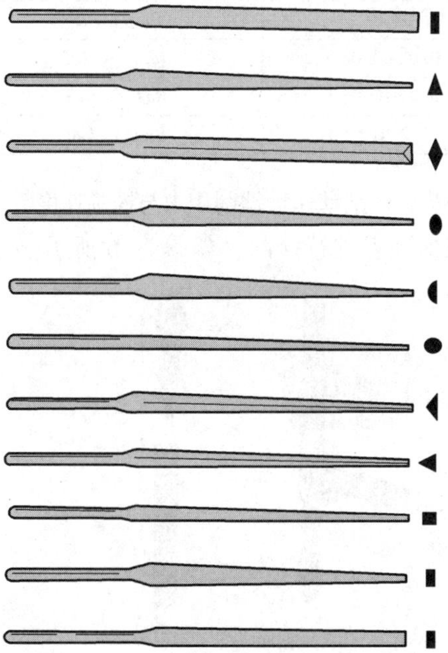

图 2-14　整形锉

表 2-2　锉刀齿纹粗细规格

规格/mm	主要锉纹条数（10mm 内）				
	锉　纹　号				
	1	2	3	4	5
100	14	20	28	40	56
125	12	18	25	36	50
150	11	16	22	32	45
200	10	14	20	28	40
250	9	12	18	25	36
300	8	11	16	22	32
350	7	10	14	20	—
400	6	9	12		
450	5.5	8	11		

　　每种锉刀都有一定的功用，如果选择不合理，不但不能充分发挥它的效能，还将直接影响锉削质量。选择锉刀主要依据下面两个原则，即根据被锉削工件表面形状选用和根据工件材料的性质、加工余量的大小、加工精度、表面粗糙度要求选择合适的锉刀。不同加工表面使用的锉刀如图 2-15 所示，锉刀适用场合见表 2-3。

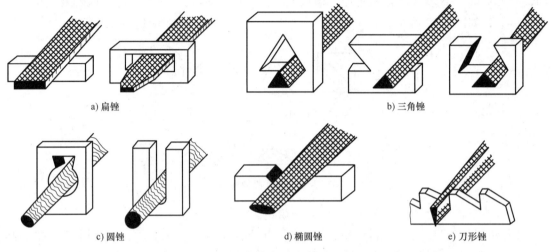

a) 扁锉　　　　　　　　　　　　　　　　b) 三角锉

c) 圆锉　　　　　　　　　　d) 椭圆锉　　　　　　　　　　e) 刀形锉

图 2-15　不同加工表面使用的锉刀

表 2-3　锉刀适用场合

锉刀粗细	适用场合		
	加工余量/mm	加工精度/mm	表面粗糙度/mm
1 号（粗齿锉刀）	0.5～1	0.2～0.5	$Ra25～100$
2 号（中齿锉刀）	0.2～0.5	0.05～0.2	$Ra6.3～25$
3 号（细齿锉刀）	0.1～0.3	0.02～0.05	$Ra3.2～12.5$
4 号（双细齿锉刀）	0.1～0.2	0.01～0.02	$Ra1.6～6.3$
5 号（油光锉）	<0.1	0.01	$Ra0.8～1.6$

　　锉刀的基本使用包括锉刀装拆、锉刀握法、锉削的姿势、锉削动作、锉削用力与锉削速度等。

　　（1）锉刀装拆　正确装拆锉刀柄。不用无柄或破柄锉刀进行锉削，如图 2-16 所示。

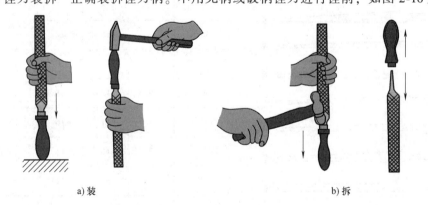

a) 装　　　　　　　　　　　　　　　　b) 拆

图 2-16　锉刀装拆

（2）锉刀握法 锉刀的种类很多，按规格不同，使用目的不同，锉刀的握法介绍如下：

1）较大锉刀的握法。大于250mm（约10in）的锉刀握法，右手心抵住锉刀柄端头，大拇指按住锉刀柄正上方，其余四指配合大拇指握住锉刀柄。左手掌心在锉刀端面，拇指自然伸直，其余四指弯向手心，并可用食指、中指握住锉刀前端，如图2-17所示。

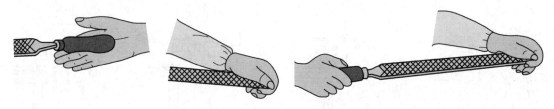

图2-17 较大锉刀的握法

2）中型锉刀的握法。右手握法和上面一样，左手只需大拇指和食指捏住锉刀的前端，如图2-18所示。

3）较小锉刀的握法。用左手的手指压在锉刀的中部，右手食指伸直并靠在锉刀边，如图2-19所示。

图2-18 中型锉刀的握法

图2-19 较小锉刀的握法

4）整形锉刀的握法。一般只用一只手拿锉刀，食指在上面，拇指在左侧。具体如图2-20所示。

图2-20 整形锉刀的握法

（3）锉削姿势 锉削时站立要自然，左手、锉刀、右手形成的水平直线称为锉削轴线。右脚掌心在锉削轴线上，右脚掌长度方向与轴线成75°角；左脚略在台虎钳前左下方，与轴线成30°角；两脚跟之间距离因人而异，通常为操作者的肩宽；身体平面与轴线成45°角；身体重心大部分落在左脚，左膝呈弯曲状态，并随锉刀往复运动作相应屈伸，右膝伸直。锉削站立步位和姿势如图2-21所示。

（4）锉削动作 锉削时，身体先于锉刀并与之一起向前，右脚伸直并稍向前倾，重心在左脚，左膝部呈弯曲状态。当锉刀锉至约3/4行程时，身体停止前进，两臂则继续将锉刀向前锉到头，同时，左脚自然伸直并随着锉削时的反作用力将身体重心后移，使身体恢

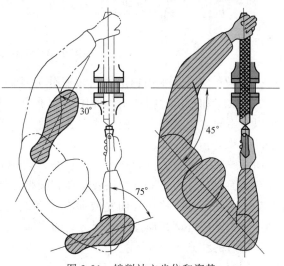

图2-21 锉削站立步位和姿势

复原位，并顺势将锉刀收回。当锉刀收回将近结束时，身体又开始先于锉刀前倾，做第二次锉削的向前运动，如图 2-22 所示。

图 2-22　锉削动作

（5）锉削用力与速度　锉刀直线运动才能锉出平直的平面，因此，锉削时右手的压力要随着锉刀推动而逐渐增加，左手的压力要随锉刀推动而逐渐减小。回程时不要加压力，以减少锉齿的磨损。锉削速度一般应在 40 次/min 左右，推出时稍慢，回程时稍快，动作要自然，要协调一致，锉削用力方法如图 2-23 所示。

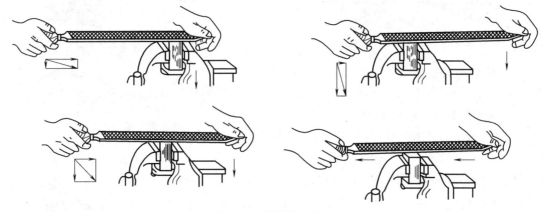

图 2-23　锉削用力方法

（6）锉削方法　平面锉削方法主要分为顺向锉、交叉锉与推锉。顺向锉用于加工余量较少的粗加工和最后的精加工，如图 2-24 所示；交叉锉用于加工余量较大的粗加工，是从两个以上不同方向交替交叉锉削的方法，锉刀运动方向与工件夹持方向成 30°~40°角；推锉用于局部修磨，如图 2-25 所示。

曲面锉削方法主要分为外圆弧面锉削、内圆弧面锉削与球面锉削，如图 2-26 所示。锉削外圆弧面时，锉刀运动分为顺着和横着圆弧面锉削两种方法。内圆弧面锉削是指锉刀必须同时完成前进运动、移动（向左或向右）和绕内弧中心转动三个运动的复合运动。球面锉削是指锉刀完成外圆弧面锉削复合运动的同时，还须环绕球中心做周向摆动。

锉削时的注意事项如下：

1）操作时应保持工具、锉刀、量具摆放有序，取用方便。锉削练习时，要时刻保持正

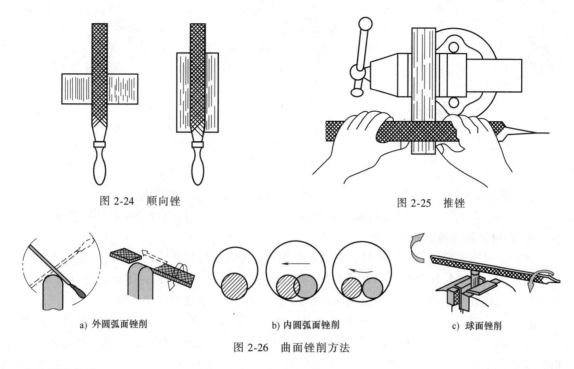

图 2-24　顺向锉　　　　　　　　　　　图 2-25　推锉

a) 外圆弧面锉削　　　　　　b) 内圆弧面锉削　　　　　　c) 球面锉削

图 2-26　曲面锉削方法

确的操作姿势。

2）粗锉时要充分利用锉刀的有效长度，这样既可以提高锉削效率，又可以延长锉刀的使用寿命。锉削时要综合考虑精度要求。

3）锉刀柄要装牢，无柄、裂柄或没有锉刀柄箍的锉刀不可使用。锉刀不能当作其他工具使用，如锤或棒等。锉刀上不可沾油或水。

4）不能用嘴吹铁屑，不能用手摸锉削表面。如锉屑嵌入锉刀齿纹内，应及时用锉刀刷或薄铁片剔除。测量工件时应先去除飞边，锐边倒钝。

5）锉刀应先使用一面，待用钝后再用另一面。夹持已加工表面时，应衬保护垫片。

3. 锤子及使用方法

锤子又称圆顶锤，其锤头一端平面略有弧形，是基本工作面，另一端是球面，用来敲击凹凸形状的工件。校直、錾削和装卸零件等操作中都要用锤子来敲击。锤子由锤头和手柄两部分组成。规格以锤头质量来表示，以 0.25～1kg 的最为常用。锤头以 45、50 钢锻造，两端工作面经热处理淬硬，硬度一般为 50～57HRC。木柄选用比较坚固的木材制成，常用的 1kg 锤头的柄长为 350mm 左右。锤头安装木柄的孔呈椭圆形，且两端大、中间小。木柄紧装在孔中后，端部应再打入金属楔子，以防松脱。

使用锤子时，切记要仔细检查锤头和手柄是否楔塞牢固。握锤应握住手柄后部。挥锤方法有手腕挥、小臂挥和大臂挥三种，如图 2-27 所示。手腕挥锤只有手腕动，捶击力小，但准、快、省力。大臂挥是大臂和小臂一起运动，捶击力最大。

使用锤子的注意事项如下：

1）使用锤子前，注意时常检查锤头是否有松脱现象，手柄应安装牢固，用楔塞牢，防止锤头飞出伤人。

2）握锤时应握住手柄后部，以免手部与工件碰撞。

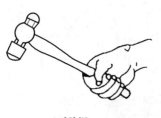
a) 手腕挥

b) 小臂挥

c) 大臂挥

图 2-27　挥锤方法

3）锤头应平整地击打在工件上，不得歪斜，防止破坏工件表面形状。

4）拆卸零部件时，禁止直接捶击重要表面或易损部位，以防出现表面破坏或损伤。

4. 螺钉旋具分类及使用方法

螺钉旋具用来紧固或拆卸螺钉。它的种类很多，按照头部形状的不同，可分为一字槽螺钉旋具和十字槽螺钉旋具两种，如图 2-28 所示；按照手柄材料和结构的不同，可分为木柄、塑料柄、夹柄和金属柄等四种；按照操作形式可分为自动、电动和风动等形式。

（1）一字槽螺钉旋具　一字槽螺钉旋具，用于旋紧或松开头部开一字槽的螺钉。其由柄、刀体和刃口组成，一般工作部分用碳素工具钢制成，并经淬火处理，其规格以刀体部分的长度来表示。

它有多种规格，常用的有 100mm、150mm、200mm、300mm 和 400mm 等几种。要根据螺钉的大小选择不同规格的螺钉旋具。若用型号较小的螺钉旋具来旋拧大号的螺钉很容易损坏螺钉旋具，使用时应注意。

（2）十字槽螺钉旋具　十字槽螺钉旋具用于旋紧或松开头部开十字槽的螺钉，材料规格与一字槽螺钉旋具相同。使用十字槽螺钉旋具时，应注意使旋杆端部与螺钉槽相吻合，否则容易损坏螺钉的十字槽。十字槽螺钉旋具的规格和一字槽螺钉旋具相同。

a) 一字槽螺钉旋具

b) 十字槽螺钉旋具

图 2-28　螺钉旋具

除上述两种螺钉旋具以外还有多用途螺钉旋具，它是一种多用途的组合工具，手柄和头部可以随意拆卸。它采用塑料手柄，一般都带有验电笔的功能。螺钉旋具使用的注意事项如下：

1）使用螺钉旋具时，旋具头部一定要确实嵌入螺钉的槽中，拧动螺钉旋具时，螺钉旋具中心线一定要与螺钉的中心线在一条轴线上。

2）使用时，除施加扭力外，还应施加适当的进给力，以防滑脱损坏零件；不可带电操作。

3）使用螺钉旋具时，不要将零件拿在手上进行拆装，若螺钉旋具滑出易伤手。如果必须用手拿着零件，需要谨慎操作。

4）型号规格的选择应以沟槽的宽度为原则，不可用螺钉旋具撬任何物品。

5. 万用表及使用方法

万用表用来测量直流电流、直流电压、交流电流、交流电压和电阻等，有的万用表还可以用来测量电容、电感以及晶体二极管、晶体管的某些参数。

常见的万用表有指针式万用表和数字式万用表。指针式万用表是以表头为核心部件的多功能测量仪表，测量值由表头指针指示读取。数字式万用表的测量值由液晶显示屏直接以数字的形式显示，读取方便，有些还带有语音提示功能。

数字式万用表由于具有准确度高、测量范围宽、测量速度快、体积小、抗干扰能力强和使用方便等特点，广泛应用于国防、科研、工厂和学校等领域。其规格不同，性能指标多种多样，使用环境和工作条件也各有差别，因此应根据具体情况选择合适的数字式万用表。常用数字式万用表的面板说明如图 2-29 所示。

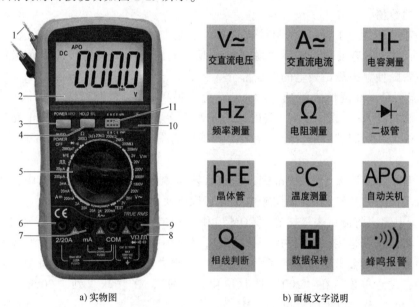

a) 实物图　　　　　　　　　　b) 面板文字说明

图 2-29　数字式万用表面板说明

1—测试表笔　2—LCD（液晶显示）屏　3—Power（电源）开关　4—数据保持/背光开关　5—量程开关
6—2/20A 电流测试插孔　7—≤200mA 测试插孔　8—公共接地端　9—电压、电阻、频率插孔
10—通断/相线报警指示灯　11—晶体管输入插座

万用表的种数和结构是多种多样的，使用时，只有掌握正确的方法，才能确保测试结果的准确性，才能保证人身与设备的安全。

（1）万用表的基本使用方法

1）插孔和转换开关的使用。首先要根据测试目的选择插孔或转换开关的位置，由于使用时测量电压、电流和电阻等交替进行，一定不要忘记换档。切不可用测量电流或电阻的档位去测量电压。如果用直流电流档或电阻档去测量 220V 的交流电压，万用表则会瞬间烧坏。

2）测试表笔的使用。万用表有红、黑测试表笔，如果位置接反、接错，将会导致测试错误或烧坏表头。一般红测试表笔为"+"，黑测试表笔为"-"。测试表笔插放万用表插孔时一定要严格按颜色和正负极插入。测量直流电压或直流电流时，一定要注意正负极性。测量电流时，测试表笔与电路串联；测量电压时，测试表笔与电路并联。

3）正确读数。万用表使用前应检查指针是否在零位，否则需调整表盖上的机械调节器，将指针调至零位。万用表同一测量项目有多个量程，例如直流电压量程有 1V，10V，15V，25V，100V 和 500V 等，量程选择应使测量结果为满刻度的 2/3 左右。指针式万用表测量电阻时，应将指针指向该档中心电阻值附近，这样才能使测量准确。

万用表具有测量直流电压（DC V）、直流电流（DC A）、交流电压（AC V）、交流电流（AC A）、电阻、二极管/通断、晶体管（hFE）、电容、温度、频率等功能。使用时要根据具体测量内容选用相应测量功能。接下来详细讲解。

（2）万用表功能详解

1）电压测量。红测试表笔插入"VΩ"孔，黑测试表笔插入"COM"孔，将选择开关旋在"V-"或"V~"档的适当量程上，分别用红、黑测试表笔接到电源或电池两端，读出显示屏上的数值。

备注：若显示为"1"，则表明量程选择小，应加大量程再测量；若在数值左边出现"-"，则表示测试表笔极性与实际电源极性相反，此时红测试表笔接的是负极；测量电压时，双手不要随便触摸测试表笔的金属部分。

2）电流测量。红测试表笔插入"mA"或"20A"孔，黑测试表笔插入"COM"孔，将选择开关旋在"A-"或"A~"档的适当量程上，将万用表串联入被测电路中，被测电路电流从一端流入红测试表笔，经万用表黑测试表笔流出，再流入被测电路中，读出显示屏上的数值。

备注：若被测电流大于"200mA"，应将红测试表笔插入"20A"插孔中；测完后需要将红测试表笔插入"VΩ"孔，以防测电压时忘记更换而导致万用表损坏。

3）测量电阻。将测试表笔插进"COM"和"VΩ"孔中，把选择开关旋到"Ω"档所需的量程，将测试表笔接在电阻两端金属部位，测量中可以用手接触电阻，但不要用手同时接触电阻两端，否则会影响测量准确度（人体电阻很大）。读数时，要保持测试表笔和电阻有良好接触；注意单位，在"200"档时单位是"Ω"，在"2k"到"200k"档时单位为"kΩ"，档位在"2M"以上的单位是"MΩ"。

4）测量电容。将电容两端短接，对电容进行放电，确保数字式万用表的安全。将选择开关旋在"F"档，电容插入万用表"CX"插孔，读出显示屏上的数值。

备注：电容档量程为 200uF；测量电容时，将电容插入专用的电容测试座中（不要插入测试表笔插孔"COM""VΩ"）；测量大电容时稳定读数需要一定的时间。

5）频率测量。将量程开关置于频率档上，测试表笔插进"COM"和"VΩHz"孔中；两表笔跨接信号源两端，不需要区分极性，此表最大能测量 200kHz 的频率。

6）二极管测量。红测试表笔插入"VΩ"孔，黑测试表笔插入"COM"孔，将选择开关旋在"——▷|•))"档，判断二极管的正负极，红测试表笔接到正极上，黑测试表笔接到负极上，读出显示屏上的数值，两测试表笔换位，若显示屏上为"1."表示正常，否则此二极管被击穿。

7）晶体管测量。红测试表笔插入"VΩ"孔，黑测试表笔插入"COM"孔，将选择开关旋在"——▷|•))"档，找出晶体管的基极 b，判断晶体管的类型为 PNP 型或 NPN 型，将

选择开关旋在"hFE"档，根据类型插入 PNP 或 NPN 插孔测 β 值，读出显示屏上的 β 值。

8）温度测量。量程开关置于"℃"档，将热电偶传感器冷端黑色插头插入"mA"插孔中，红色插头插入"COM"孔中，测温端置于待测物表面或内部即可。

9）相线识别。黑测试表笔拔出"COM"孔，红测试表笔插入"VΩHz"孔，量程开关置于"TEST"档，红测试表笔接在被测电路上，如果显示"1"并有声光报警，则被测线路为相线，无变化则为零线。

（3）万用表使用时注意事项

1）测量前，先检查红、黑测试表笔连接的位置是否正确。红测试表笔接到红色接线柱或标有"+"的插孔内，黑测试表笔接到黑色接线柱或标有"COM"的插孔内，不能接反，否则在测量直流电量时会因正负极的反接损坏表头部件。

2）在测试表笔连接被测电路之前，一定要查看所选档位与测量对象是否相符，否则，误用档位和量程，不仅得不到测量结果，而且还会损坏万用表。在此提醒初学者，万用表损坏往往是由上述原因造成的。

3）测量时，手指不要触及测试表笔的金属部分和被测元器件。

4）测量中若需转换量程，必须在测试表笔离开电路后才能进行，否则选择开关转动产生的电弧易烧坏选择开关的触头，造成接触不良的事故。

5）在实际测量中，经常要测量多种电量，每一次测量前要注意根据每次测量任务把选择开关转换到相应的档位和量程。

6）测量完毕，功能开关应置于交流电压最大量程档。

6. 气动螺丝刀及使用方法

气动螺丝刀是一种通过空气压缩机压缩空气，利用气压带动螺丝刀中气马达里的叶片，然后叶片带动转子，进而转子转动螺丝刀，螺丝刀再带动螺钉转动从而使其松开或者拧紧的气动工具，广泛用于装配设计中，如机器人、汽车、船舶、飞机等的组装制造。其结构如图 2-30 所示。

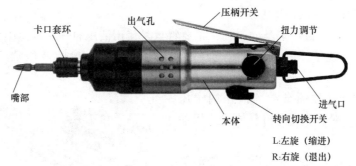

图 2-30 气动螺丝刀结构

（1）气动螺丝刀的性能特点

1）转速。转速一般为 500~8000r/min，因气马达是靠高压气体驱动，运转时高压空气会带走部件摩擦产生的热量，所以长时间高频率操作也不会发烫。

2）扭力精度。采用机械制动且气压的变化会影响气动螺丝刀的扭力稳定，所以误差大一些，重复精度为 3%~5%（若加装空气调节器，会好些）。

3）能耗。采用压缩气体作动源，只要空气管路布置合理，每只气动螺丝刀的耗气量在

$0.28m^3/min$ 左右，节能环保。

4）维护成本。耗材少，只要注意定期加注专用气动保养油，一般在一年内不需更换部件。

5）优缺点。优点主要在于工作速度快，安全性高，防静电，故障率低，寿命长，节能环保；缺点是噪声比电动的要大，扭力精度比电动的误差要大，因要接气管所以操作不灵活。

（2）气动螺丝刀的使用　使用前先检查连接气动螺丝刀的气压表所指示的气压是否在相应范围内，确保集水器中无水；根据实际生产需要确定气动螺丝刀的型号；按一下转动开关，确认转动方向，根据需要调整转速、转动力度；在转动过程中需改变转动方向时，请松开转动开关后方可调节。具体使用如下：

1）平缓扭动转换开关（R 正转-L 反转）以旋转方向。

2）下压压柄开关就可起动气马达旋转，将螺钉与气动螺丝刀保持垂直进行作业。

3）扭力大（紧）小（松）调整容易；扭力调整环往右转紧，扭力增加；调整环往左转紧，扭力减少。

4）当负载到达预先设定的扭力值时，气马达会自动停止。

（3）注意事项

1）当空气压缩机容纳太多的水气及灰尘时，对气动螺丝刀有不利影响，故气压管子必须装设水气过滤器及自动供给润滑油装置，用以过滤杂质，并且每日从排水阀把水排出。

2）防止气压管路聚集水汽及灰尘，保持管路清洁，否则长期使用有使管路内径变小的可能。

3）当把气动螺丝刀和气压管脱离时，防止气压管接头掉落，以免积聚灰尘或使杂质进入气压管路内。

4）一般主气压管路压力为 0.7MPa 或 0.8MPa，在衔接气动螺丝刀的副气压管路前必须装设调压器，将压力值稳定在 0.55MPa 或 0.6MPa，副气压管的内径按规格表推荐选择，有利于气动螺丝刀获得最大扭力值，一般推荐副气压管使用 0.5MPa 的气压，即可满足大部分作业需求。不可以使用超过规定的气压，否则气动螺丝刀的寿命会减短。

7. 液压端子压线钳及使用方法

液压端子压线钳是液压工具的一种，主要特点是使用液压原理，产生强大的压力从而可以完成对较粗的钢线缆、电缆、高压电线的铆接、压接。一般的液压端子压线钳结构如图 2-31 所示。

（1）液压端子压线钳分类　液压端子压线钳分为手动液压端子压线钳与分体式液压端子压线钳两大类。

1）手动液压端子压线钳是用压力传动机构产生压力，压接端子与电缆，是电气安装工程必备工具。

2）分体式液压端子压线钳头与脚踏液压泵配合使用，广泛用于高空作业，压接架空电线，导线修补等作业。

（2）液压压线钳使用方法

1）根据线缆的线径选择匹配的压接模，

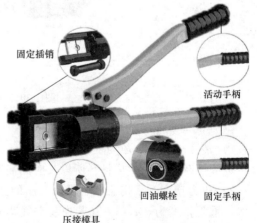

图 2-31　液压端子压线钳结构

松开泄压阀门，一般在右侧。例如，被压端子规格为 240mm^2，则选择 240mm^2 的上下模具。

2）将线缆根据铜（铝）接管的压线长度剥除绝缘层后，将铜（铝）接管套在剥除好绝缘层的芯线上。

3）将选好压接模的液压钳套在铜（铝）接管上没有接线鼻子的一端，拧紧泄压阀门，将压接模靠外然后开始压接，压接至两个压接模相碰，然后泄压。在紧挨着压接好的地方继续压接，一般压接 4~5 处，这个根据铜（铝）接管的质量不同而定。

4）压接完毕后，用钳子或扁锉等将压接产生的飞边去除干净，打磨光滑，做好绝缘处理。

第二节　配套设备施工准备

培训目标

1. 能识读工装夹具的装配图
2. 能使用气动、液压设备工装夹具夹取零件
3. 能使用数控机床、液压机、冲压机等设备的工装夹具夹取零件

一、机械制图基础

1. 装配图识读

（1）装配图的内容　装配图主要表达机器或零件各部分之间的相对位置、装备关系、连接方式和主要零件的结构形状等内容，机器人的装配图如图 2-32 所示。一张完整的装配图包含以下四方面内容：

1）一组图形。表达机器或部件的工作原理、各零件间的装配关系和零件主要结构形状等。

2）必要尺寸。主要包括与机器或部件有关的规格尺寸、装配尺寸、安装尺寸、外形尺寸及其他重要尺寸。

3）技术要求。用文字或符号说明与机器或部件有关的性能、装配、检验、安装、调试和使用等方面的特殊要求。

4）标题栏、序号、明细栏。填写图名、图号、设计单位、制图日期和比例等说明部件或机器的组成情况，如零件的序号、名称、数量和材料等。

（2）装配图的表达方法　装配图规定画法如图 2-33 所示。

1）两零件的接触面或配合（包括间隙配合）表面，规定只画出一条线，而非接触面、非配合表面应画两条线。

2）相邻两零件的剖面线倾斜方向应相反，同一零件在各视图上的剖面线画法应一致。零件厚度不超过 2mm 时，剖切时允许涂黑代替剖面线。

3）对于螺栓、螺母、垫圈等螺纹紧固件以及轴、连杆、球、键和销等实心零件，若按纵向剖切，且剖切平面通过其对称面或轴线，则这些零件均按不剖绘制；当其上的局部结构如孔、槽等需表示时，可采用局部剖视。

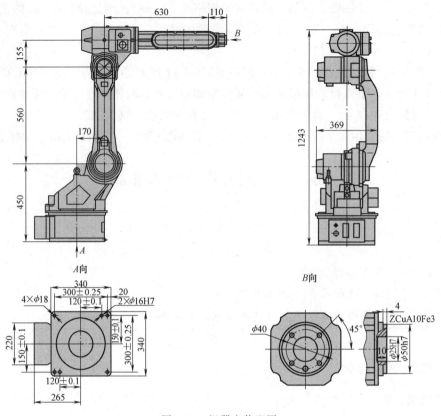

图 2-32　机器人装配图

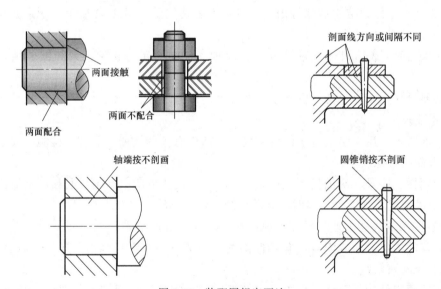

图 2-33　装配图规定画法

（3）装配图上的尺寸标注　装配图的作用与零件图不同，所以在装配图中标注尺寸时，不必把制造零件时所需的尺寸都标注出来，只需注出以下几类尺寸即可。滑动轴承的装配图如图 2-34 所示。

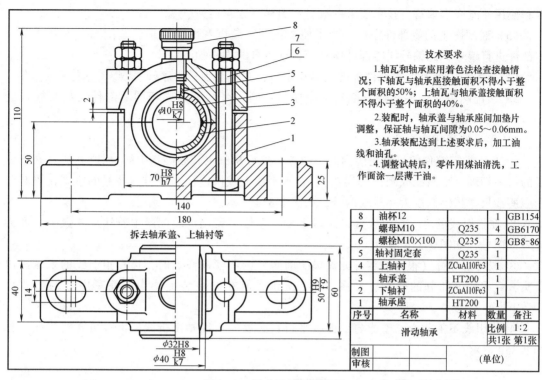

拆去轴承盖、上轴衬等

技术要求

1. 轴瓦和轴承座用着色法检查接触情况；下轴瓦与轴承座接触面积不得小于整个面积的50%；上轴瓦与轴承盖接触面积不得小于整个面积的40%。

2. 装配时，轴承盖与轴承座间加垫片调整，保证轴与轴瓦间隙为0.05～0.06mm。

3. 轴承装配达到上述要求后，加工油线和油孔。

4. 调整试转后，零件用煤油清洗，工作面涂一层薄干油。

8	油杯12		1	GB1154
7	螺母M10	Q235	4	GB6170
6	螺栓M10×100	Q235	2	GB8-86
5	轴衬固定套	Q235	1	
4	上轴衬	ZCuAl10Fe3	1	
3	轴承盖	HT200	1	
2	下轴衬	ZCuAl10Fe3	1	
1	轴承座	HT200	1	
序号	名称	材料	数量	备注
	滑动轴承		比例	1：2
			共1张	第1张
制图				
审核		（单位）		

图 2-34　滑动轴承的装配图

1）规格、性能尺寸。表达机器或部件规格大小或工作性能的尺寸。图 2-34 中 φ32H8 是轴承孔径尺寸，即滑动轴承的规格尺寸。

2）装配尺寸。表示机器或部件中各零件间装配关系的尺寸。

① 配合尺寸。零件间有公差配合要求的尺寸，如图 2-34 中 70H8/h7、φ40H8/k7 等尺寸。

② 连接尺寸。装配图上各零件间的装配连接尺寸，如螺栓、销的定位尺寸。

③ 相互位置尺寸。表示零件间和部件间安装时必须保证其相对位置的尺寸，如图 2-34 中中心定位尺寸 50 等。

④ 装配时需加工的尺寸。为保证装配要求，有关零件需装配在一起后再进行加工，此时应注出加工尺寸，如销孔的配钻尺寸。

孔的尺寸减去相配合的轴的尺寸所得的代数差为正时是间隙，为负时是过盈。间隙配合是指具有间隙（包括最小间隙等于零）的配合；过盈配合是指具有过盈（包括最小过盈为零）的配合；过渡配合是指可能具有间隙或过盈的配合。

3）安装尺寸。表示部件安装在机器上或机器安装在基础上连接固定所需的尺寸，如图 2-34 中的 140。

4）总体尺寸。表示装配体的总长、总宽、总高尺寸，如图 2-34 中的 180、60、110。

5）其他重要尺寸。根据装配体结构特点和需要，必须标注的尺寸，如运动零件的极限尺寸、重要零件间的定位尺寸等。

（4）装配图上技术要求的注写　装配图上技术要求的内容，主要包括装配方法、质量要求、检验、调试中的特殊要求，以及安装、使用中的注意事项等，应根据装配体的结构特点和使用性能恰当填写。技术要求一般写在图样下方空白处。

（5）装配图上的零部件序号　为了便于识图、装配和图样管理，装配图中必须对每种零部件进行编号，此编号叫零部件序号。编排序号的方法如下：

1）装配图中所有的零部件都必须编写序号，并与明细栏中序号一致。

2）装配图中一个零部件只编写一个序号；同一张装配图中相同零部件应编写同样的序号。

3）序号的通用表示法。

① 在所指零部件的可见轮廓内画一圆点，然后从圆点开始画指引线（细实线），在指引线的另一端画一水平线或圆（细实线），在水平线上或圆内注写序号，序号的字高比该装配图中所注尺寸数字高度大一号或两号，如图 2-35a 所示。

② 在指引线的另一端附近直接注写序号，序号字高比该装配图中所注尺寸数字高度大一号或两号，如图 2-35b 所示。

③ 若所指部分（很薄的零件或涂黑的剖面）内不便画圆点时，可在指引线的末端画出箭头，并指向该部分的轮廓，如图 2-35c 所示。但在同一装配图中，编写序号的形式应一致。

④ 指引线不能相交，不能与剖面线平行；必要时可以画出折线，但只可转折一次，如图 2-35d 所示。

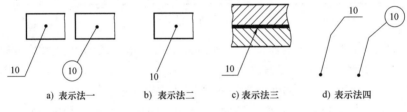

a) 表示法一　　b) 表示法二　　c) 表示法三　　d) 表示法四

图 2-35　序号形式

⑤ 一组紧固件以及装配关系清楚的零件组，可以采用公共指引线，如图 2-36 所示。

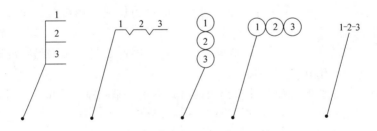

图 2-36　紧固件编号形式

⑥ 装配图中的标准化组件（如油杯、滚动轴承、电动机等）可作为一个整体，只编写一个序号。

⑦ 序号应按顺时针或逆时针方向顺次排列整齐。如果在整个图上无法连续排列时，应尽量在每个水平或垂直方向顺次排列。

（6）明细栏　明细栏一般由序号、代号、名称、数量、材料、重量和备注等组成，也可按实际需要增加或减少。明细栏一般配置在装配图中标题栏的上方，由下而上填写。当位置不够时，可紧靠在标题栏的左方自下而上延续。当装配图中不能在标题栏的上方配置明细栏时，可作为装配图的续页按 A4 幅面单独给出，但其顺序应由上而下延伸，规格见 GB/T 10609.2—2009。

（7）装配图的技术要求　装配图的技术要求一般包括以下几个方面：

1）装配后的密封、润滑等要求。

2）有关性能、安装、调试、使用和维护等方面的要求。

3）有关试验或检验方法的要求。

（8）识读装配图的步骤

1）概括了解：了解标题栏、了解明细栏、初看视图。

2）了解工作原理和装配关系。

3）分析视图，看懂零件的结构形状。

4）分析尺寸和技术要求。

（9）识读装配图的目的

1）了解机器或部件的用途、工作原理、结构。

2）明确零件间的装配关系以及它们的装拆顺序。

3）看懂零件的主要结构形状及其在装配体中的功用。

2．零件图画法

一台机器人有各种零件，零件的结构也是多种多样的，常见的零件可以分为：轴套类、轮盘类、叉架类和箱壳类 4 种类型，如图 2-37 所示。每一类零件，其结构都有相似之处，表达的方法也比较类似。下面以部分代表性零件为例，分析一下各类零件的特点和表达方法。

a) 轴套类　　　　b) 轮盘类　　　　c) 叉架类　　　　d) 箱壳类

图 2-37　常用零件

（1）轴套类零件　这类零件包括各种轴、丝杆等。它们的共同特点是轴向尺寸比径向尺寸大，在同一轴线上由直径不同的台阶组成。这类零件上有键槽、销孔、螺纹、退刀槽、越程槽、回转体、顶尖孔、倒角、圆角和锥度等，图 2-38 所示为轴套类零件图例。轴套类零件的表达方法如下：

1）主要视图轴线水平，便于加工看图。

2）用局部视图、局部剖视图、断面图和局部放大图等作为补充。

3）对于形状简单而轴向尺寸较长的部分，常断开后缩短绘制。

4）空心套类零件中由于多存在内部结构，一般采用全剖、半剖或局部剖绘制。

（2）轮盘类零件　常见有手轮、飞轮、带轮、凸缘压盖、端盖、法兰盘和分度盘等。主体部分为回转体，厚度方向尺寸比其他两个方向的尺寸小。其上常有一些沿圆周分布的螺孔、肋板、键槽和齿等结构。轮盘类零件图例如图 2-39 所示。轮盘类零件的表达方法如下：

1）非圆视图水平摆放作为主视图，常剖开绘制。

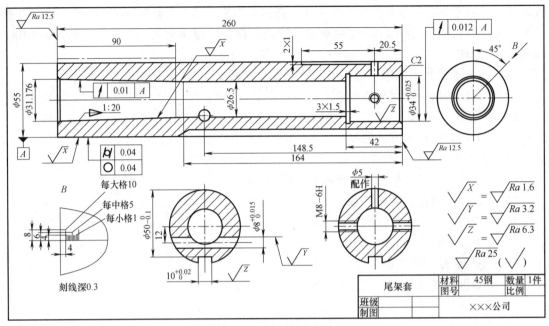

图 2-38　轴套类零件图例

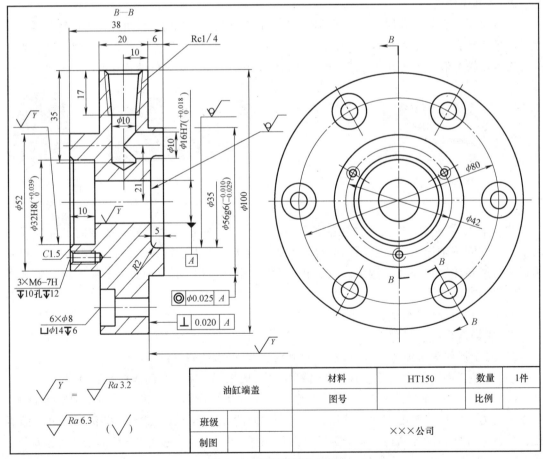

图 2-39　轮盘类零件图例

2）用左视图或右视图来表达轮盘上连接孔或轮辐、肋板等的数目和分布情况。常用两个基本视图。

3）用局部视图、局部剖视、断面图和局部放大图等作为补充。

（3）叉架类零件 常见有拨叉、连杆、支架、支座和摇杆等。叉架类零件形状不规则，比较复杂。多由肋板、耳片、底板和圆柱形轴、孔、实心杆等部分组成，叉架类零件三维模型如图2-40所示，叉架类零件图例如图2-41所示。叉架类零件的表达方法如下：

图 2-40 叉架类零件三维模型

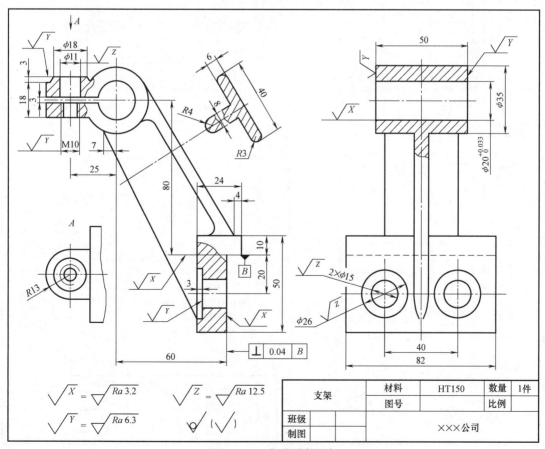

图 2-41 叉架类零件图例

1）一般需要两个或两个以上的基本视图。主视图的投影方向按形状特征原则确定，安放位置多按工作位置。

2）常采用局部视图、局部剖视图表达凸台、凹坑等局部结构，用断面图表达肋板等的横截面形状。

（4）箱壳类零件　常见有各种减速器、泵体、阀体、机座和机体等。箱壳类零件一般为机件的主体。在容纳零件和润滑油的箱壁上，有支承孔、凸台、螺孔和肋板等结构，形状复杂，加工精度要求高，毛坯常为铸件。箱壳类零件图例如图 2-42 所示。箱壳类零件的表达方法如下：

1）箱壳类零件至少需要两个以上的基本视图，加上一些局部视图表达局部结构。

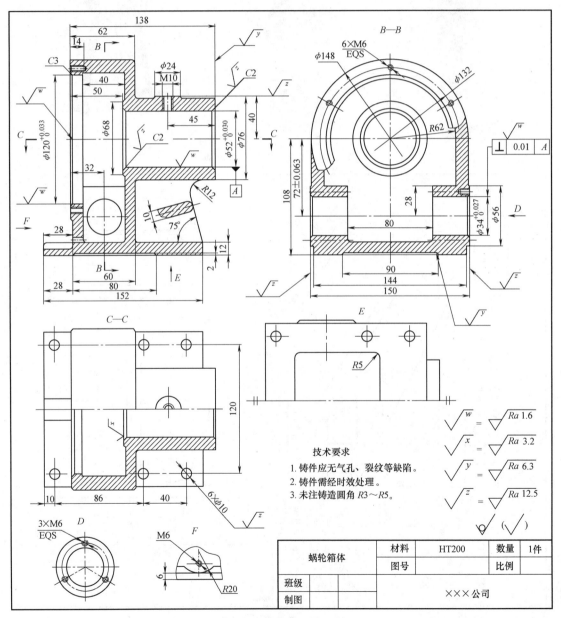

图 2-42　箱壳类零件图例

2）主视图的投影方向按形状特征原则确定，安放位置按自然位置、工作位置、加工位置均可。

二、气动夹具工作原理及使用方法

工业机器人常用的气动夹具有吸盘和手爪。气动夹具都通过电磁阀控制。本节以真空吸盘为例，介绍其工作原理和使用方法。

1. 工作原理

真空吸盘吸力在理论上取决于吸盘与工件表面的接触面积和吸盘内、外压差，但实际上其与工件表面状态有十分密切的关系，工件表面状态影响负压的泄漏。采用真空泵（或真空发生器）能保证吸盘内持续产生负压，所以这种吸盘比其他形式吸盘的吸力大。

真空吸盘基本结构如图 2-43 所示，主要零件为橡胶吸盘，通过固定环安装在支撑杆上，支撑杆由螺母固定在基板上。工作时，橡胶吸盘与物体表面接触，吸盘的边缘起密封和缓冲作用，真空发生装置将吸盘与工件之间的空气吸走使其达到真空状态，此时吸盘内的大气压小于吸盘外的大气压，工件在外部压力的作用下被抓取。放料时，管路接通大气，失去真空，物体放下。为了避免在取料时产生撞击，有的还在支撑杆上配有弹簧缓冲；为了更好地适应物体吸附面的倾斜状况，有的橡胶吸盘背面设计有球铰链。

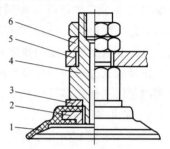

图 2-43　真空吸盘基本结构

1—橡胶吸盘　2—固定环　3—垫片
4—支撑杆　5—基板　6—螺母

真空吸盘吸附和释放工件需要气动回路才能完成。图 2-44 所示的是一种吸盘破真空回路，其中核心部件是供给阀和破坏阀。

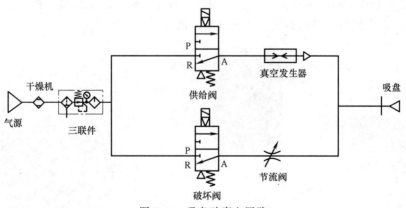

图 2-44　吸盘破真空回路

回路中供给阀和破坏阀采用的是二位三通电磁阀（实际运用中是按照供气要求决定的，可采用其他电磁阀，如二位五通电磁阀等），如图 2-45 所示；气源三联件包括空气过滤器、减压阀和油雾器。

如图 2-44 所示，由空气压缩机压缩后的空气，经过干燥、过滤、稳压处理到达供给阀和破坏阀，常态下两阀都处于闭合不连通状态，即 R 通口与 A 通口相连通；在吸附工件阶段，供给阀的电磁线圈得电，阀芯移动，使 P 通口与 A 通口相连通，处于供气状态，空气

a) 二位三通电磁阀

b) 节流阀

图 2-45　气动元件

从 A 通口到达真空发生器，致使吸盘产生负压吸附工件（吸附工件有两种方式：一种是接触工件吸附，速度偏慢；另一种是靠近工件吸附，速度较快）；释放工件阶段，供给阀的电磁线圈失电，使 P 通口与 A 通口断开，R 通口与 A 通口相连通，供气不起作用，而同时破坏阀电磁线圈得电，阀芯移动，使破坏阀的 P 通口与 A 通口相连通，空气经节流阀节流调速，使得吸盘能以一定的速度稳定释放工件。

在释放工件时，如果没有破坏阀，工件会短时间黏滞在吸盘上，不会立刻释放，破坏阀的作用是使工件能够及时被释放。

2. 使用方法

机器人通过 I/O 信号来实现对电磁阀的控制。I/O 信号即输入/输出信号，是机器人与末端执行器、外部装置等系统的外围设备进行通信的电信号。

工业机器人的 I/O 信号可分为通用 I/O 和专用 I/O 两大类。通用 I/O 是可由用户自定义而使用的 I/O，包括数字 I/O、模拟 I/O、组 I/O；专用 I/O 指在机器人控制系统中用途已确定的 I/O，包括机器人 I/O 和外围设备 I/O。

（1）I/O 硬件

1）机器人 I/O 接口。机器人 I/O 接口即位于机器人第四轴上的信号接口，如图 2-46 所示，主要是用来控制和检测机器人末端执行器的信号。

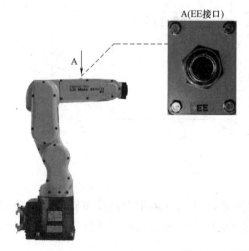

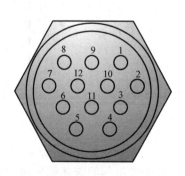

图 2-46　机器人 I/O 接口

机器人 I/O 接口共 12 个引脚，包含 8 个通道，供电电压为 DC 24V，通过机器人内部电源供电，共 6 个输入信号、2 个输出信号和 4 个电源信号。机器人 I/O 接口各引脚功能见表 2-4。

表 2-4　机器人 I/O 接口各引脚功能

引脚号	名称	功能	引脚号	名称	功能
1	RI 1	输入信号	7	RO 7	输出信号
2	RI 2	输入信号	8	RO 8	输出信号
3	RI 3	输入信号	9	24V	高电平
4	RI 4	输入信号	10	24V	高电平
5	RI 5	输入信号	11	0V	低电平
6	RI 6	输入信号	12	0V	低电平

2）外围设备 I/O 接口。外围设备接口主要作用是从外部进行机器人控制。控制器的主板备有输入 28 点、输出 24 点的外围设备控制接口。由机器人控制器上的两根电缆线 CRMA15 和 CRMA16 连接至外围设备上的 I/O 印制电路板。外围设备实物与接口如图 2-47 和图 2-48 所示。

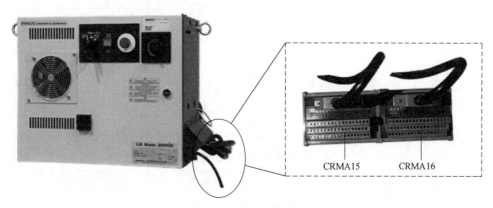

图 2-47　外围设备实物

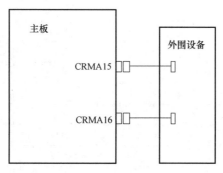

图 2-48　外围设备接口

CRMA15 和 CRMA16 接口均有 50 个引脚，因此外围设备 I/O 共 100 个引脚，包含 52 个通道，供电电压为 DC 24V，共 28 点输入、24 点输出，数字输入信号高电平有效，输出信号为高电平。

其中，CRMA15 和 CRMA16 均包含数字 I/O 信号和一些已经确定用途的专用信号，在出厂时已经进行了地址分配，见表 2-5 和表 2-6。

表 2-5　CRMA15 数字 I/O 信号地址分配

序号	名称	序号	名称	序号	名称
01	DI101	18	0V	35	DO103
02	DI102	19	SDICOM1	36	DO104
03	DI103	20	SDICOM2	37	DO105
04	DI104	21	/	38	DO106
05	DI105	22	DI117	39	DO107
06	DI106	23	DI118	40	DO108
07	DI107	24	DI119	41	/
08	DI108	25	DI120	42	/
09	DI109	26	/	43	/
10	DI110	27	/	44	/
11	DI111	28	/	45	/
12	DI112	29	0V	46	/
13	DI113	30	0V	47	/
14	DI114	31	DOSRC1	48	/
15	DI115	32	DOSRC1	49	24F
16	DI116	33	DO101	50	24F
17	0V	34	DO102		

表 2-6　CRMA16 数字 I/O 信号地址分配

序号	名称	序号	名称	序号	名称
01	*HOLD	18	0V	35	BATALM
02	RESET	19	SDICOM3	36	BUSY
03	START	20	/	37	/
04	ENBL	21	DO120	38	/
05	PNS1	22	/	39	/
06	PNS2	23	/	40	/
07	PNS3	24	/	41	DO109
08	PNS4	25	/	42	DO110
09	/	26	DO117	43	DO111
10	/	27	DO118	44	DO112
11	/	28	DO119	45	DO113
12	/	29	0V	46	DO114
13	/	30	0V	47	DO115
14	/	31	DOSRC2	48	DO116
15	/	32	DOSRC2	49	24F
16	/	33	CMDENBL	50	24F
17	0V	34	FAULT		

（2）I/O 信号线连接　在使用机器人 I/O 信号连接外部设备时，首先需要进行 I/O 硬件连接。

亚德客 5V110-06 型电磁阀为二位五通单电控。将电磁阀线圈的两根线分别连接至外部电源+24V 和外围设备接口 DO102，如图 2-49 所示。驱动电磁阀，产生气压通过真空发生器后，连接至真空吸盘。将机器人 CRMA15 的 18、19、20 号引脚接入电源 0V 接口。

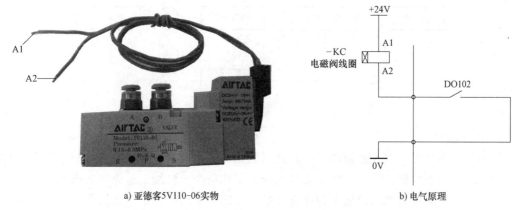

a) 亚德客5V110-06实物　　　　　　　　　　b) 电气原理

图 2-49　机器人外部输出接线方式

（3）I/O 分配　I/O 分配是指数字 I/O 可对信号线的物理号码进行再定义。具体分配步骤如下：

1）按下"MENU"键，进入菜单画面，选择并进入 I/O 画面，如图 2-50 所示。

2）选择"分配"功能，进行 I/O 分配，如图 2-51 所示。

3）将光标指向范围，输入进行分配的信号范围。系统根据所输入的范围，自动分配行。当输入正确的值时，状态中显示出"PEND"，如图 2-52 所示，需要重新起动控制器才能生效。

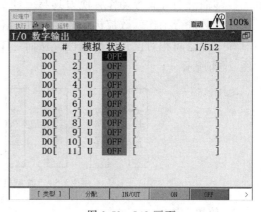

图 2-50　I/O 画面

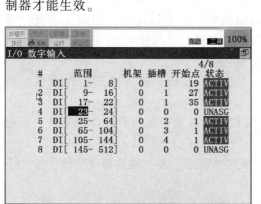

图 2-51　I/O 分配

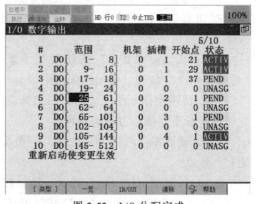

图 2-52　I/O 分配完成

51

三、数控机床工作原理及使用方法

数控机床是机电一体化的典型产品，是集机床、计算机、电动机及拖动控制、检测等技术为一体的自动化设备。数控机床的基本组成包括控制介质、数控装置、伺服系统、反馈装置及机床本体，如图 2-53 所示。

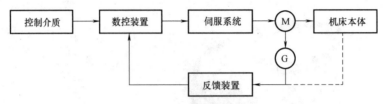

图 2-53 数控机床的基本组成

1. 工作原理

机床加工零件时，首先必须将工件的几何数据和工艺数据等加工信息按规定的代码和格式编制成零件的数控加工程序，这是数控机床的工作指令。将加工程序用适当的方法输入到数控系统，数控系统对输入的加工程序进行数据处理，输出各种信息和指令，控制机床主运动的变速、起停，进给的方向、速度和位移量，以及其他如刀具选择交换、工件的夹紧松开、冷却润滑的开关等动作，使刀具与工件及其他辅助装置严格按照加工程序规定的顺序、轨迹和参数进行工作。数控机床的运行处于不断地计算、输出、反馈等控制过程中，以保证刀具和工件之间相对位置的准确性，从而加工出符合要求的零件。数控机床加工工件的过程如图 2-54 所示。

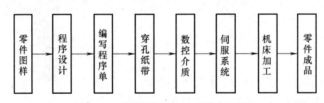

图 2-54 数控机床加工工件的过程

2. 使用方法

（1）开机与关机

1）开机。打开机床电器柜电源开关，按机床面板的"控制器通电"按钮，检查"急停"按钮是否为松开状态（若未松开，旋转"急停"按钮，将其松开），按"机床准备"按钮，开启机床电源。

2）关机。按"复位"按钮复位系统，按下"急停"按钮，按下机床操作面板上的"控制器断电"按钮，关闭机床总电源。

（2）回零操作　回零又叫作回机床参考点。开机后，首先必须回零操作，其目的是建立机床坐标系。操作方法有两种：

1）X 轴回零。将"方式选择"开关旋转至"回零"状态，按"轴选择 X"键，按"手动+"键。

2）Z 轴回零。按"轴选择 Z"键，按"手动+"键。

（3）MDI 操作　将"方式选择"开关旋转至"MDI"状态，进入 MDI 操作界面，输入

"G28 U0 W0"，再按"程序启动"按钮即可。注意，在回零操作之前，确保当前位置距参考点的负方向一段距离。回零操作时，应先回 X 轴，再回 Z 轴。

（4）手动操作

1）手动/连续方式。

① 进入手动操作模式。将机床面板上"方式选择"开关旋转至手动状态。

② 手动操作轴的移动。通过"轴选择"按钮，选择需要移动的 X 或 Z 坐标轴，按"手动"按键，控制轴的正、负方向的移动。

2）手轮操作。刀架的运动可以通过手轮来实现，适用于微动、对刀、精确移动刀架等操作。

① 按下"轴选择"按钮中的 X 或 Z，选择需要移动的坐标轴方向。

② 移动速度由"手动快速倍率"按钮进行调节，选择合适的倍率。"×1"倍率档表示手轮每转动一格相应的坐标轴移动 0.001mm；"×10"倍率档表示手轮每转动一格相应的坐标轴移动 0.01mm；"×100"倍率档表示手轮每转动一格相应的坐标轴移动 0.1mm。

③ 旋转"手轮"，可精确控制机床进给轴的移动。顺时针转动手轮，坐标轴向正方向移动；逆时针转动手轮，坐标轴向负方向移动。

（5）MDI 方式　MDI 方式也叫作数据输入方式，它具有从操作面板输入一个程序段或指令并执行该程序段或指令的功能，常用于起动主轴、换刀、对刀等操作中。

操作步骤如下：

1）将机床面板上"方式选择"开关旋转至 MDI 状态，进入 MDI 方式。在 MDI 键盘上按"PROG"键，进入编辑页面。

2）按"程序启动"按钮运行程序。用"RESET"键可以清除输入的数据。

（6）编辑方式　在编辑方式下，可以对程序进行编辑和修改，程序相关界面如图 2-55 所示。

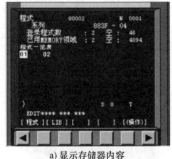
a）显示存储器内容

b）建立新程序号

c）程序输入显示

图 2-55　程序相关界面

1）显示程序存储器的内容。

① 将"方式选择"开关旋转至"编辑"状态。

② 按"PROG"键显示程式（PROGRAM）画面。

③ 按"LIB"软键后屏幕显示。

2）输入新的加工程序。操作步骤如下：

① 将"方式选择"开关旋转至"编辑"状态。

② 按"PROG"键显示程式（PROGRAM）画面。

③ 输入程序名 O0001，按"INSERT"键确认，建立一个新的程序号。然后即可输入程序的内容。

④ 每输入一个程序句后按"EOB"键表示语句结束，然后按"INSERT"键将该语句输入。输入结束，屏幕显示语句。

3) 编辑程序。

① 检索程序。将"方式选择"开关旋转至"编辑"状态；按"PROG"键，显示程式画面；输入要检索的程序号（例 O0100）；按"O 检索"软键，即可调出所要检索程序。

② 检索程序段（语句）。检索程序段需在已检索出程序的情况下进行。输入要检索的程序段号，如 N6；按"检索↓"软键，光标即移至所检索的程序段 N6 所在的位置。

③ 字的修改。例如：将"Z-10.0"改为"Z1.0"。将光标移至"Z-10.0"位置（可用检索方法）；输入要改变的字"Z1.0"；按"ALTER"键，"Z1.0"将"Z-10.0"替换。

④ 删除字。例如："N1 G00 X122.0 Z1.0;"删除其中的"Z1.0"。将光标移至要删除的字"Z1.0"位置；按"DELETE"键，"Z1.0"被删除，光标自动向后移。

⑤ 删除程序段。例如删除此程序段：

O0100;

N1 G50 S3000;

……

将光标移至要删除的程序段第一个字"N1"处；按"EOB"键；按"DELETE"键，即删除整个程序段。

⑥ 插入字。例如：在程序段"G01 Z20.0;"中插入"X 10.0"，改为"G01 X10.0 Z20.0;"。

将光标移动至要插入的字前一个字的位置"G01"处；键入"X10.0"；按"INSERT"键，插入完成，程序段变为"G01 X10.0 Z20.0 ;"。

⑦ 删除程序。例如：删除程序号为"O0100"的程序。"方式选择"开关旋转至"编辑"状态；按"PROG"键选择显示程序画面；输入要删除的程序号"O0100"；按"DELETE"键程序"O0100"被删除。

上述部分操作程序界面如图 2-56 所示。

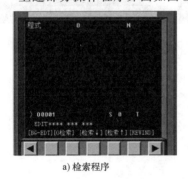

  a) 检索程序   b) 输入指令字   c) 替换指令字

图 2-56 程序界面

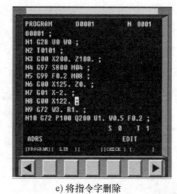

d) 要删除的字   e) 将指令字删除

图 2-56 程序界面（续）

（7）刀具参数设置 刀具参数设置如图 2-57 所示，假设为 1 号刀。

1）对 X 轴。先车工件端面，按"offset setting"键，按软菜单键"形状"，显示刀具参数画面，在刀补号 G001 中输入"Z0"，按软菜单键"测量"，则 Z 坐标方向设置完成。

2）对 Z 轴。试切外圆一刀，沿 Z 轴方向退刀，停主轴，测量工件直径（假设测量值为 $\phi42.36\text{mm}$），然后按"offset setting"键，按软菜单键"形状"，显示刀具参数画面，在刀补号 G001 中输入"$X42.36$"，按软菜单键"测量"，则 X 坐标方向设置好。

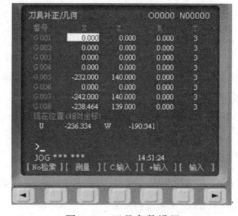

图 2-57 刀具参数设置

如果有多把刀对刀，则其余刀具以同样的方法分别碰外圆和端面，设置同样的数据并测量即可。

四、液压机工作原理及使用方法

液压机是以液压元件和液压缸为工作结构，通过控制系统带动板做往返动作，实现工作目标。动板每分钟行程次数及动板运动行程都可调整。

液压机适用于五金、电子、橡胶和塑料等产品的剪切、冲压、落料、冲切半段、成形、弯曲和拉伸等工作。若安装有自动进料机构，则可进行半自动工作。液压机进行各种作业时，所需要的压力（包括退料力）要小于液压机的最大公称力，以免损坏机床，可参考有关资料进行计算。

1. 工作原理

液压机的基本工作原理是帕斯卡原理。它利用液体的压力能，依靠静压作用使工件变形或使物料被压制成形。

液压机工作原理如图 2-58 所示，两个充满工作液体的具有柱塞或活塞的容腔由管道连接，当小柱塞上作用的力为 F_1 时，在大柱塞上将产生向上的作用力 F_2，迫使制件变形，且：$F_2 = F_1 \times A_2/A_1$，A_1、A_2 分别为小柱塞和大柱塞的工作面积。

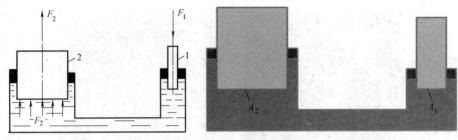

图 2-58　液压机工作原理
1—小柱塞　2—大柱塞

2．使用方法

在使用液压机时一般按以下步骤进行操作：

1）外接 AC 380V 三相四线电源，需要零线。加入液压油，油量至少加至油箱容量 80%或以油面计上限为准。

2）打开电源开关，电源指示灯亮。

3）首先按一下电动机"ON"，立即再按电动机"OFF"，观察电动机的运转是否正确（电动机扇叶盖标有运转方向）。正确则可继续起动电动机"ON"，如果不正确，要给电源调相后起动电动机"ON"。

4）油压机通常有自动和手动两种操作方式。

① 手动。把"手动/自动"选择开关扳到手动位置，按住"点动下压"按钮使液压缸下行，放手后停止下行，如果需要液压缸寸动下行，按一下"点动下压"按钮，液压缸会寸动下行。同理，按"点动上升"，液压缸上升或寸动上升。手动功能用于用户组装夹具以及模具的校正和调整等。

② 自动。把"手动/自动"选择开关扳至自动位置，然后起动机台前方双按钮（或踩一下脚踏开关），液压缸下行，液压缸下行受下压计时器控制，下压计时时间越长下压行程就越长，下压计时时间到，液压缸即上升；液压缸上升受上升计时器控制，上升计时器时间越长上升行程就越长（受液压缸最长限度），上升计时时间到，液压缸停止上升。一个动作流程结束（下压以及上升计时时间的长短根据用户加工产品的需要可自行调整）。液压缸在下行时，如果遇到紧急情况，可按一下"急升"按钮，液压缸立即回升，起到保护作用。

5）压力调整。在机台电动机液压泵附近有一个压力调整阀。顺时针旋转压力增大；逆时针旋转则压力减少。

五、冲压式成形机工作原理及使用方法

1．工作原理

冲压式成形机俗称冲压机，是通过电动机驱动飞轮，并通过离合器、传动齿轮带动曲柄连杆机构使滑块上下运动，带动拉伸模具对钢板成形。所谓的双动就是指冲压机有两个滑块，即内滑块和外滑块，内滑块带动模具的凸模或凹模，外滑块带动模具上的压边圈，在拉伸时压边圈首先动作压住钢板边缘，内滑块再动作进行拉伸。

设计原理是将圆周运动转换为直线运动，由主电动机出力，带动飞轮，经离合器带动齿轮、曲轴（或偏心齿轮）、连杆等运转，来达成滑块的直线运动，从主电动机到连杆的运动

为圆周运动。

连杆和滑块之间需有圆周运动和直线运动的转接点，其设计上大致有两种机构，一种为球形，另一种为销型（圆柱形），经由这个机构将圆周运动转换成滑块的直线运动。冲压机对材料施以压力，使其塑性变形，而得到所要求的形状与精度，因此必须配合一组模具（分上模与下模），将材料置于其间，由机器施加压力，使其变形，加工时施加于材料的压力带来的反作用力，由冲压机机械本体所吸收。

2. 使用方法

1）操作前必须穿着合身的工作服、戴手套、工作帽。

2）未经指导人员允许，禁止随意开动机床。

3）禁止吸烟，禁止从事一切未经指导人员同意的工作，不得随意触摸、起动各种开关。

4）工作前要认真检查脚踏开关和手按开关等是否灵活可靠。

5）仔细检查机床各部位操作机构、停止装置、离合器、制动器等是否正常，机械传动部分、电器部分要有可靠的防护装置。禁止在卸下防护罩的情况下开机或试机。

6）安装模板时应仔细检查上下模的紧固情况，同时要注意检查行程的调整是否合适。

7）安装模具时应先固定上模，再装下模。有导柱的模具调节冲压机行程时，不要使导柱脱开导套。调节行程后应将调节螺母拧紧。

8）模具要经检查，完好无裂纹方可使用。安装模具时应扳动带轮，使滑块下降，不准开动机床或利用机床惯性安装模具，以免发生顶床事故。使用的模具高度必须在机床闭合高度之内，否则不能使用。

9）模具安装牢固后，用手攀机试运行一段行程后，才能开机试件，试几个件后，应再紧固一次模具，以免因受振动使模具移位。

10）校正模具必须停机进行。

11）使用冲压机拉伸、压弯时应注意上、下模的间隙及坯料厚度，以免造成冲压机卡死。

12）不得使用有问题和不符合规定的扳手、压板、螺钉等工夹具。

13）在冲压机运转时，禁止将手伸入冲模取放零件和清除残料。

14）在用脚踏开关操作时，手与脚的动作要协调，续料或取件时，脚应离开脚踏开关。

15）搬运笨重模具需要两人以上搬抬时，应动作协调齐拿齐放。

16）工作中注意力要集中，严禁将手和工具等物伸进危险区域内。取放小件一定要用专门工具（镊子或送料机构）进行操作。对于模下的废料或工件，应及时取出，以免堆积过高而使机床顶死。模具卡住坯料时，只准用工具解脱。

17）使用设备后，都应把刀具、工具、量具和材料等物品整理好，并做好设备清洁和日常设备维护工作。

18）每冲压完一个工件时，手或脚必须离开按钮或踏板，以防误操作。

19）发现机床运转异常或有异常声响，应停止操作，让维修人员检查、修理。

20）要保持工作环境的清洁，每天下班前，要清理工作场所；每天做好防火、防盗工作，检查门窗是否关好，相关设备和照明电源开关是否关好。

3. 维护和保养

冲压机的加工精度和滑块与滑块导轨之间的间隙（一般标准综合间隙 0.02~0.13mm），

作业时冲压机的机身变形（尤其是 C 型冲压机，滑块中心线与工作台的中心线工作偏差标准为不大于 3mm），滑块下平面与工作台面的平行度，滑块与滑块连接杆之间的间隙，滑块连接杆与曲轴之间的间隙以及飞轮的中心振动有关。

根据以上要点，在冲压机的日/次点检和年度点检中都应有所反映，另外与这些点检项目相关的内容在日常点检中也应体现。例如用油状态、噪声、振动、机身晃动等。

第三节 基本操作

培训目标

1. 能起动及停止机器人及配套设备
2. 能使用关节坐标、基坐标、工具坐标、工件坐标等各种动作坐标系示教机器人
3. 能通过手动或者自动模式控制机器人末端执行器对工件进行打磨、喷涂、焊接等相应操作

一、机器人操作安全知识

机器人与其他机械设备的要求通常不同，如它的大运动范围、快速操作、手臂的快速运动等，这些都会造成安全隐患。操作机器人应遵循各种规程，以免造成人身伤害或设备事故。围绕机器人工作的所有人员（安全管理员、安装人员、操作人员和维修人员）必须时刻树立安全第一的思想，以确保所有人员的安全。

（1）操作人员安全注意事项

1）穿着工作服（不穿宽松的衣服）。

2）操作机器人时不许戴手套。

3）内衣裤、衬衫和领带不要从工作服内露出。

4）不佩戴大的首饰，如耳环、戒指或垂饰等。

5）必要时穿戴相应的安全防护用品，如安全帽、安全鞋（带防滑底的）、面罩、防护镜和手套。不合适的衣服可能会造成人身伤害。

6）未经许可的人员不得接近机器人和其外围辅助设备。

7）当电气设备（例如机器人或控制器）起火时，使用二氧化碳灭火器，切勿使用水或泡沫。

（2）作业区安全

1）机器人的安装区域内禁止进行任何的危险作业。如任意触动机器人及其外围设备，将会有造成伤害的危险。

2）请采取严格的安全预防措施，在工厂的相关区域内应安放，如"易燃""高压""止步"或"闲人免进"等相应警示牌。忽视这些警示可能会引起火警、电击或由于任意触动机器人和其他设备而造成伤害。

3）禁止强行扳动机器人的轴，如图 2-59 所示。否则可能会造成人身伤害和设备损坏。

4）禁止倚靠机器人控制器或其他电控柜；禁止随意按动操作键，如图 2-60 所示。否则可能会造成人身伤害和设备损坏。

图 2-59 禁止强行扳动机器人的轴

图 2-60 禁止倚靠或随意操作机器人控制器

5）错误的配线或零、部件的不正确移位，将会产生设备损坏或人身伤害。为电控柜配线前须熟悉配线图，配线须按配线图进行。

6）在进行控制器与机器人、外围设备间的配线及配管时须采取防护措施，如将管、线或电缆从坑内穿过或加保护盖予以遮盖，以免被人踩坏或被叉车辗压而损坏，如图 2-61 所示。操作者和其他人员可能会被明线、电缆或管路绊住而将其损坏，从而会造成机器人的非正常动作，以致引起人身伤害或设备损坏。

在作业区内工作时粗心大意会造成严重的事故，因此强令执行下列防范措施：

1）在机器人周围设置安全围栏，以防造成与已通电的机器人发生意外的接触。在安全围栏的入口处张贴"远离作业区"的警示牌。安全围栏的门必须加装可靠的安全联锁装置。忽视此警示会由于接触机器人而可能造成严重事故。

2）备用工具及类似器材应放在安全围栏外的合适地区内。工具和散乱的器材不要遗留在机器人、电控柜或系统（如焊接夹具）

图 2-61 配线及配管保护

等周围，如果机器人撞击到作业区中的遗留物品，即会发生人身伤害或设备事故。

（3）操作安全

1）当给机器人上安装工具时，务必先切断控制柜及所装工具上的电源并锁住其电源开关，而且要挂警示牌。安装过程中如果接通电源，可能会造成电击，或会产生机器人的非正常运动，引起伤害。

2）禁止超过机器人的允许范围（机器人的允许范围请参见说明书中的技术规范部分）。否则可能会造成人身伤害和设备损坏。

3）无论何时，都应在作业区外进行示教工作。

4）在操作机器人前，应先按机器人控制柜前门及示教编程器右上方的急停键，以检查主电指示灯是否熄灭，并确认其电源确已关闭。如果紧急情况下不能使机器人停止，则会造成机械损害。

5）在执行下列操作前，应确认机器人动作范围内无任何人；如果人员进入机器人动作范围，可能会因与机器人接触而引起伤害。如果发生问题，应立即按动急停键。

6）示教机器人前先检查机器人运动方面的问题和检查外部电缆的绝缘及护罩是否损害，如果发现问题则应立即更正，并确认所有其他必须做的工作均已完成。

7）示教器使用完毕后，务必放回指定位置。如果示教器遗留在机器人上、系统夹具上或地面上，则机器人或装载其上的工具将会碰撞它，因此可能引起人身伤害或设备损坏。

二、机器人基本操作

1. 关节运动

机器人在关节坐标系下的运动是单轴运动，即每次手动只操作机器人某一个关节轴的转动。手动操作关节坐标运动的方法如下：

1）将控制器上的模式选择开关打到"T1"，如图 2-62 所示。

2）按住安全开关，同时按下示教器上"RESET"键，清除报警。

3）按下"SHIFT"键+"COORD"键，显示如图 2-63 所示画面，按"F1"键，选择关节坐标系。

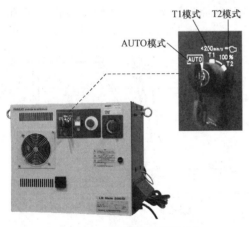

图 2-62　模式选择开关

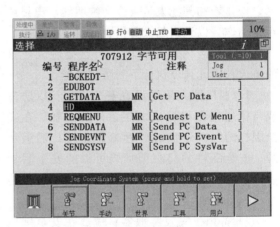

图 2-63　坐标选择

4）同时按住安全开关与"SHIFT"键+"点动键"，如图 2-64 所示，即可对机器人进行关节坐标运动的操作。

注意，在操作时，尽量以小幅度操作，使机器人慢慢运动，以免发生撞击事件。

2. 线性运动

机器人在直角坐标系下的运动是线性运动，即机器人 TCP 在空间中沿坐标轴做直线运动。线性运动是机器人多轴联动的效果。基本操作步骤如下：

1）将控制器上的模式开关打到"T1"。

图 2-64　选择动作模式

2）按住安全开关，同时按下示教器上"RESET"键，清除报警。

3）按下"SHIFT"键＋"COORD"键，显示坐标选择画面，如图 2-65 所示，按"F3"键，选择世界坐标系（选择手动坐标系、工具坐标系、用户坐标系均可实现直角坐标运动）。

4）同时按住安全开关与"SHIFT"键＋"点动"键即可对机器人进行直角坐标运动的操作。

3. 工具坐标系建立

虽然工业机器人控制系统内部有默认的工具坐标系（Tool Control Frame，TCF），但是在实际工业应用过程中，一般都会根据具体项目需要重新建立工具坐标系，这样做能够使得示教、调试和程序修改更加方便快捷，大大缩短项目周期，提高工作效率。因此，建议在示教时养成重新建立工具坐标系的习惯。

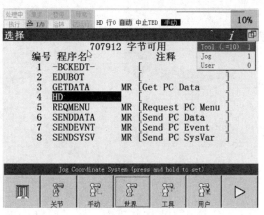

图 2-65 坐标选择

（1）建立原理 机器人默认工具坐标系的原点位于机器人连接法兰的中心，当连接不同的工具（如焊枪、激光器等）时，工具需获得一个用户定义的笛卡儿直角坐标系，其原点在用户定义的参考点上，如图 2-66 所示，这个过程的实现就是工具坐标系的建立，又称为工具坐标系的标定。

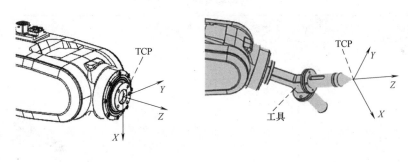

a) 默认TCP与TCF   b) 新建TCF

图 2-66 工业机器人工具坐标系的建立

工业机器人工具坐标系的建立是指将期望新建的 TCP 的位置和姿态告诉机器人，指出与机器人末端关节坐标系的关系。目前，工业机器人工具坐标系的建立方法主要有两种，外部基准标定法和多点标定法。

1）外部基准标定法。该方法只需要使工具对准某一测定好的外部基准点，便可完成建立，建立过程快捷简便。但这类标定方法依赖于机器人外部基准。

2）多点标定法。绝大部分工业机器人能够完成工具坐标系多点标定。常用多点标定法有 4 点法、5 点法和 6 点法 3 种，如图 2-67 所示。

4 点法是进行 TCP 位置重新标定，使几个标定点 TCP 位置重合，从而计算出 TCP，即确定工具坐标系原点相对于末端关节坐标系的位置，但新建立的工具坐标系 X、Y、Z 轴方向与默认的 TCF 方向一致。

a) 4 点法

b) 5 点法

c) 6 点法

图 2-67　常用多点标定法

5 点法是在 4 点法基础上，除了确定 TCP 位置外，还要使几个标定点之间具有特殊的方位关系，从而计算出工具坐标系 Z 轴相对于末端关节坐标系的姿态，即确定新建工具坐标系的 Z 轴方向。

6 点法是在 4 点法、5 点法基础上，除了确定 TCP 位置外，还要进行工具坐标系姿态的标定，即确定新建工具坐标系的 Z 轴和 X 轴方向，而 Y 轴方向由右手规则确定。

这 3 种多点标定法的区别见表 2-7。

表 2-7　3 种多点标定法的区别

坐标系定义方法	原点	坐标系方向	主要场合	图例
4 点法	变化	不变	工具坐标系方向跟默认 TCF 方向一致	
5 点法	变化	Z 轴方向改变	需要工具坐标系 Z 轴方向与默认 TCF 的 Z 轴方向不一致	

（续）

坐标系定义方法	原点	坐标系方向	主要场合	图例
6点法	变化	Z轴和X轴方向改变	工具坐标系方向需要更改默认 TCF 的 Z 轴和 X 轴方向	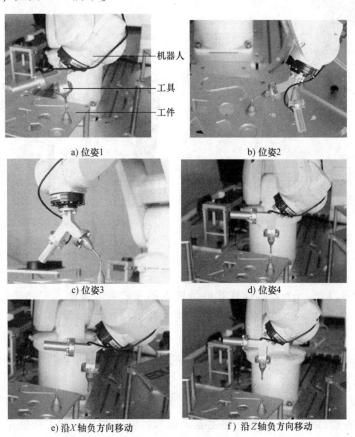

以 6 点法为例建立工具坐标系，建立原理如下：

① 在机器人工作空间内找一个非常精确的固定点作为参考点。

② 在工具上确定一个参考点（一般选择 TCP）。

③ 手动操作机器人，至少用四种不同的工具姿态，将机器人工具上的参考点尽可能与固定点刚好对碰上。第 4 点是用工具的参考点垂直于固定点，第 5 点是工具参考点从固定点向期望设定的 TCF 的 X 轴负方向移动，第 6 点是工具参考点从固定点向期望设定的 TCF 的 Z 轴负方向移动，如图 2-68 所示。

a) 位姿1

b) 位姿2

c) 位姿3

d) 位姿4

e) 沿X轴负方向移动

f) 沿Z轴负方向移动

图 2-68　6 点法建立工具坐标系的原理示意图

④ 通过前 4 个位置点的位置数据，机器人控制器就可以自动计算出 TCP 的位置，通过后 2 个位置点即可确定 TCP 的姿态。

⑤ 根据实际情况设定工具的质量和重心位置数据。

注意，在参考点附近手动操作机器人时，要降低速度，以免发生碰撞。

（2）验证工具坐标系　工具坐标系建立完成后，要对新建的坐标系进行重定位验证，以避免工具参考点没有对碰到工件固定点上。

重定位验证方法是操作机器人绕新建工具坐标系的 X、Y、Z 轴进行重定位运动，检查末端执行器的末端与固定点之间是否存在偏移。

如果没有发生偏移或偏移量很小，则建立的工具坐标系是正确的；如果发生明显偏移（dL 指偏移距离），如图 2-69 所示，则建立的工具坐标系不适用，需要重新建立工具坐标系。

4. 工件坐标系建立

（1）建立原理　工件坐标系是定义在对应工件上的坐标系，用于确定该工件相对于其他坐标系的位置。

机器人可以拥有若干工件坐标系，用于表示不同工件或者同一个工件在不同位置的若干种情况。工件坐标系完成效果如图 2-70 所示。

图 2-69　偏移距离

图 2-70　工件坐标系完成效果

工件坐标系的建立通常采用三点法，即原点、X 轴方向点和 XY 平面上点。

三点法建立工件坐标系的原理如下：

1）在工件平面上找一个方便计算其他位置点的固定参考点作为工件坐标系的原点。

2）手动操作机器人，用原点和期望建立的工件坐标系 X 轴方向上某一点来确定 X 轴正方向。

3）手动操作机器人，用原点和期望建立的工件坐标系 XY 平面上某一点来确定 Y 轴正方向，如图 2-71 所示。

4）根据笛卡儿直角坐标系的右手规则，就可以确定 Z 轴正方向，从而得到工件坐标系。

（2）验证工件坐标系　工件坐标系建立完成后，需要利用机器人线性运动对新建的坐标系进行验证，验证操作步骤如下：

a) 原点O点　　　　　　　　b) X轴方向点　　　　　　　　c) XY平面上点

图 2-71　三点法建立工件坐标系的原理

1）将示教系统中的工具、工件坐标系分别修改成新建立的工具、工件坐标系。

2）手动操作机器人，将工具坐标系原点移至工件坐标系原点位置。

3）选择"线性运动"模式，手动操作机器人。

4）沿 X 轴正方向移动，观察机器人行走路径是否沿工件 X 轴边缘移动。

5）沿 Y 轴正方向移动，观察机器人行走路径是否沿工件 Y 轴边缘移动。

上述 4）、5）中，若机器人沿 X、Y 轴边缘移动，则新建的工件坐标系是正确的；否则新建的工件坐标系是错误的，需重新建立工件坐标系。

5. 示教程序

示教也称为引导，即由操作者直接或间接导引机器人，一步步按实际要求操作一遍，机器人在示教过程中自动记忆示教的每个动作的位置、姿态、运动参数等，并自动生成一个连续执行全部操作的程序，存储在机器人控制装置内。

在线示教是工业机器人目前普遍采用的示教方式。典型的示教过程是依靠操作人员观察机器人及其末端执行器相对于作业对象的位姿，在示教模式下，通过示教器对机器人各轴的相关操作，反复调整程序点处机器人的作业位姿、运动参数和工艺条件，然后将满足作业要求的相关数据记录下来，再转入下一程序点的示教。为示教方便以及获取信息的快捷、准确，操作者可以选择在不同坐标系下手动操作机器人。

三、程序调试

整个在线示教过程完成后，通过选择示教器上的自动模式，给机器人一个启动命令，机器人控制器就会从存储器中，逐点取出各示教点空间位姿坐标值，通过对其进行插补运算，生成相应路径规划，然后把各插补点的位姿坐标值通过运动学逆解运算转换成关节角度值，分送机器人各关节或关节控制器，使机器人在一定精度范围内按照程序完成示教的动作和赋予的作业内容，实现再现（自动运行）过程。

（1）程序再现前的检查　在执行机器人程序前需要根据实际工况条件，确保安全的运行速度和程序正确执行。检查机器人动作的要素有 2 个，速度倍率和坐标系核实。

1）速度倍率。检查速度倍率用于控制机器人的运动速度（执行速度）。通过按下速度倍率键，就可以变更倍率值，如图 2-72 所示。

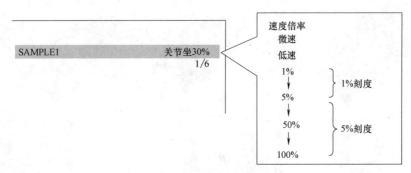

图 2-72　速度倍率的画面显示

机器人的实际运动速度与速度倍率和指令中速度值有关，实际运动速度是两者的乘积所得到的结果。当速度倍率为100%，表示机器人以程序指令所记述的运动速度进行动作。倍率键的速度倍率值的变化见表2-8。

表 2-8　速度倍率值的变化

按键	指令		
倍率键	微速——低速	1%——5%——50%——100%	
		1%刻度	5%刻度
SHIFT 键+倍率键	微速——低速——5%——50%——100%		

而微速、低速只有在点动进给时才有效。设定为微速、低速时，机器人在速度倍率1%下移动。

2）坐标系核实。在程序指令中未对坐标系进行选择时，在运行该程序前需要对当前坐标系编号进行确认核实。

坐标系的核实，是系统对再现运行时基于直角坐标系下建立的程序进行检测的过程。当前所指定的坐标系编号（工具坐标系编号和用户坐标系编号）与程序各个点位示教时的坐标系编号不同时，程序将无法执行，发出报警信号。

（2）启动程序　启动程序有如下 3 种方法。

1）示教器启动（"SHIFT"键+"FWD"或"BWD"键，如图 2-73 所示）。

2）操作面板和启动按钮组合启动。

3）外围设备启动。

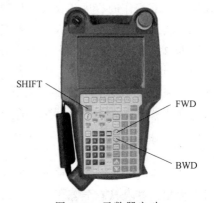

图 2-73　示数器启动

（3）测试运行　测试运行就是在将机器人安装到现场生产线执行自动运转之前，逐一确认其动作。程序的测试，对于确保作业人员和外围设备的安全十分重要。

测试运行有逐步测试和连续测试两种方法。

1）逐步测试。逐步测试是指通过示教器逐行执行程序，有前进执行和后退执行两种方法。

① 前进执行。顺向执行程序。基于前进执行启动，通过按住示教器上"SHIFT"键的

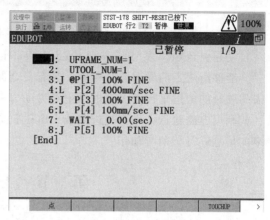

同时按下"FWD"键后再松开来执行。

② 后退执行。逆向执行程序。基于后退执行启动，通过按住示教器上"SHIFT"键的同时按下"BWD"键后再松开来执行。

注意，后退执行只执行动作指令。在执行程序时忽略跳过指令、先执行指令、后执行指令和软浮动指令等动作附加指令。光标在执行后移动到上一行。

前进执行的具体步骤如下：

步骤1：按"SELECT"键，出现程序一览画面。

步骤2：选择希望测试的程序，按"ENTER"键，显示程序编辑画面。

步骤3：选定连续运转方式。确认"STEP"指示灯尚未点亮。（"STEP"指示灯已经点亮时，按下"STEP"键，使"STEP"指示灯熄灭）。

步骤4：将光标移动到程序的开始行，按住安全开关，将示教器的有效开关置于"ON"，程序编辑页面如图2-74所示。

步骤5：在按住"SHIFT"键的状态下，按下"FWD"键后再松开。在程序执行结束之前，持续按住"SHIFT"键。松开"SHIFT"键时，程序在执行的中途暂停。

步骤6：程序执行到末尾后强制结束。光标返回到程序的第一行。

图 2-74 程序编辑页面

2) 连续测试。连续测试是指通过示教器或操作面板，从当前执行程序直到结束（程序末尾记号或程序结束指令）。

（4）自动运行 在该模式下，由外部设备 I/O 输入自动启动程序信号，由此来使机器人自动运转。操作顺序如下：

1) 准备好自动运行条件，如本地运行和外围控制装置等。

2) 打开要再现的作业程序，并移动光标至该程序的开头。

3) 切换"模式选择"至"自动模式"。

4) 按示教器上的"安全开关"，接通伺服电源。

5) 按"启动"按钮，机器人开始运行，实现再现操作。

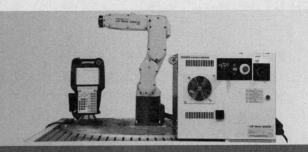

第三单元

AGV操作与调整

自动导引运输车（Automated Guided Vehicle，AGV）是指装备有电磁或光学等自动导引装置，能够沿规定的导引路径行驶，具有安全保护以及各种移载功能的运输车。工业应用中不需驾驶员的搬运车，以可充电蓄电池为动力来源。一般可通过计算机控制其行进路线及行为，或利用电磁轨道设立其行进路线，电磁轨道粘贴于地板上，无人搬运车则依靠电磁轨道带来的信息进行移动与动作。

第一节　工具准备

培训目标

能选用 AGV 轨道光条、磁条胶水、剪刀、电钻等安装工具

一、AGV 引导方式

AGV 引导方式主要有直角坐标引导、电磁引导、磁条引导、光学引导、激光导航和惯性导航 6 种，如图 3-1 所示。

（1）直角坐标引导　用定位块将 AGV 的行驶区域分成若干坐标小区域，通过对小区域的计数实现引导，一般有光电式（将坐标小区域以两种颜色划分，通过光电器件计数）和电磁式（将坐标小区域以金属块或磁块划分，通过电磁感应器件计数）两种形式。

（2）电磁引导　电磁引导是较为传统的引导方式之一，仍被许多系统采用，它是在 AGV 的行驶路径上埋设金属线，并在金属线加载引导频率，通过对引导频率的识别实现 AGV 引导。

（3）磁条引导　与电磁引导相似，在路面上贴磁条替代在地面下埋设金属线，通过磁感应信号实现引导。

（4）光学引导　在 AGV 的行驶路径上涂漆或粘贴色带，通过对摄像机采入的色带图像信号进行简单处理而实现引导。

（5）激光导航　激光导航是在 AGV 行驶路径的周围安装位置精确的激光反射板，AGV 通过激光扫描器发射激光束，同时采集由反射板反射的激光束，确定其当前位置和航向，并

通过连续的三角几何运算实现 AGV 引导。

（6）惯性导航　惯性导航是在 AGV 上安装陀螺仪，在行驶区域的地面上安装定位块，AGV 可通过对陀螺仪偏差信号（角速率）的计算及地面定位块信号的采集确定自身位置和航向，从而实现引导。

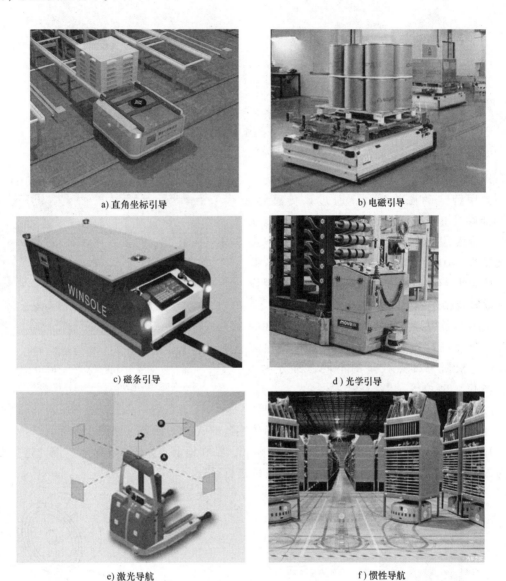

a) 直角坐标引导　　　　　　　　b) 电磁引导

c) 磁条引导　　　　　　　　d) 光学引导

e) 激光导航　　　　　　　　f) 惯性导航

图 3-1　AGV 引导方式

二、AGV 引导原理

AGV 的引导方式有多种，其工作原理也不相同。本节以常见的磁条引导为例，说明其引导原理。

（1）磁条引导 AGV 结构　磁条引导 AGV 的外形如图 3-2 所示，底部结构如图 3-3 所示。

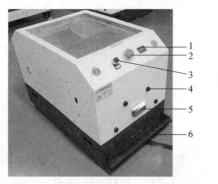
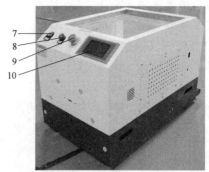

图 3-2　磁条引导 AGV 的外形

1—电量指示灯　2、9—急停按钮　3—电源按钮　4—红外避障传感器　5—警告灯

6—安全触边　7—起动按钮　8—蜂鸣器　10—触摸屏

其中，磁条引导传感器是 AGV 磁检测设备，采用特定的磁传感器，通过该传感器，AGV 能够对微弱磁场进行精确检测，从而以磁条引导传感器为基准，检测出磁体位置，根据信息反馈，AGV 导航系统能够自动进行位置调整，从而使 AGV 沿磁条行驶。AGV 磁检测设备一般安装在车体前方的底部。

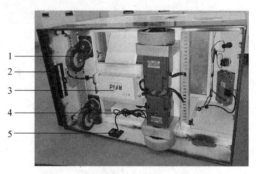

图 3-3　磁条引导 AGV 的底部结构

1—万向轮　2—磁条引导传感器　3—RFID 读卡器

4—直流无刷电动机　5—地标传感器

AGV 磁条引导传感器根据检测磁条极性的不同可分为只检测 N 极、只检测 S 极、检测 N/S 极；根据采样点数量的不同，常分为 8 位、16 位、24 位等。

（2）磁条引导 AGV 工作原理　磁条引导 AGV 引导系统包含带磁条引导传感器和地标传感器的 AGV、磁条，如图 3-4 所示。

常见的磁条都是贴地式的，即磁条一面贴胶，粘在地上，如图 3-5 所示。因此这类磁条分为 N 极和 S 极两大类，通过不贴胶面的极性进行区分。

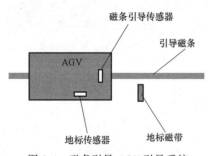

图 3-4　磁条引导 AGV 引导系统

图 3-5　磁条

磁条引导 AGV 工作原理如图 3-6 所示。磁传感器平均分布在 AGV 磁检测设备内部，形成多个采样点，运行过程中，受到磁条磁场的作用，采样点会产生信号。由于采样点同传感器磁条垂直，因此可以判定磁条同 AGV 的相对位置。AGV 通过 PID 调节对偏离进行调整，

从而保证车沿着磁条运行。

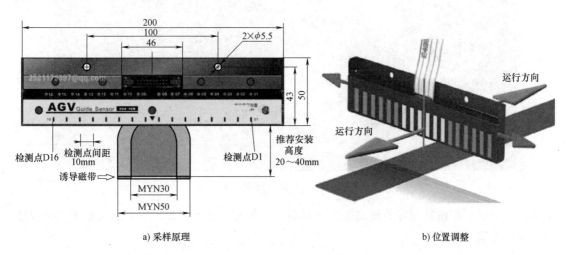

图 3-6　磁条引导 AGV 工作原理

第二节　配套设备施工准备

培训目标

1. 能铺设 AGV 行走路线
2. 能安装 AGV 激光导向器反射板
3. 能调整输送线的速度和位置

一、AGV 导航轨道铺设

正确铺设磁条是确保 AGV 正常行走最为关键的环节，特别是在转弯处，可以防止 AGV 脱轨。磁条具体铺设步骤如下：

1）AGV 磁条是靠背面的双面胶粘贴物体实现固定的，在铺设磁条前一定要确保地面干燥、整洁、干净。

2）可事先画好线路确保铺设更加美观，然后再进行磁条的粘贴工作。直线路段上，为了确保磁条和地面双面胶完全发挥作用，粘贴完需要在磁条上轻轻压一遍；转弯路段，可把磁条折叠成弯曲状，然后再慢慢地粘贴，多余的磁条可以用剪刀剪掉，修剪时如果有部分磁条缺失，可直接在备用磁条上修剪同等大小的磁条填充补缺，粘贴完后，同样需在磁条上压一下。另外需要特别注意的是，转弯幅度尽量别太大，第一防止 AGV 脱轨，第二幅度较小粘贴较便利，更为美观，如图 3-7 所示。

3）待辅设完成后，可以在 AGV 磁条表面贴上一层比磁条更宽的保护胶带，可以有效防止磁条表面的磨损，也可以防止水和油垢渗入磁条背胶处导致粘贴不牢固等问题。

4）现在很多地方都用埋地磁钉引导、埋地磁条引导，用埋地的磁条可以有效防止 AGV

图 3-7　磁条铺设

重载辗压问题，用磁钉引导方便施工，而且美观，能够有效防止出现室外路段阳光曝晒温度过高使磁条消磁等现象。

二、激光导向器反射板安装

带导向器反射板的激光导航 AGV 在初始位置计算时，AGV 停止不动，激光扫描仪至少可测 4 条光束，至少有 4 块反射板，如图 3-8 所示。在已知反射板的精确位置情况下，AGV 会连续计算小车当前位置，根据估算的新位置关联反射板，去修正自身位置，以此来修正下一步动作。

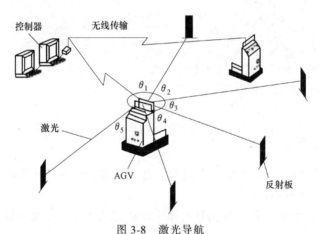

图 3-8　激光导航

反射板的安装直接影响激光导航 AGV 的导航轨迹和工作效率。反射板的铺设对角度、位置精度要求如下：

1）在路径旁设置立柱，安装一定数量的特制反射板。一般 15m 内精确安装 5 个反射板，才能确保正常导航精度。

2）安装过程中要对反射板的安装位置进行精确测量，否则影响导航精度。

3）AGV 转弯时或者对精度有要求时，需增加反射板的数量，在 AGV 运行路径上最多可安装 12000 个反射板。

4）作业区域内无大面积玻璃窗、不锈钢板、金属管。

5）路径变更须拆除原有反射板，重新测量位置，设置立柱，安装反射板，并修改控制程序。

反射板安装方式如图 3-9 所示。

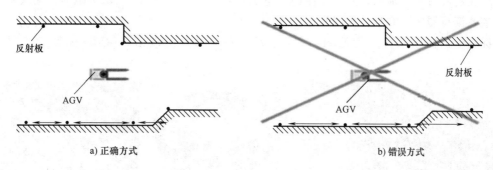

图 3-9　反射板安装方式

三、输送线工作原理

当接收到物料搬运指令后，输送线控制系统就根据所存储的运行线路和 AGV 当前位置及行驶方向进行计算、规划分析，选择最佳行驶路线，自动控制 AGV 的行驶和转向。当 AGV 到达装载货物位置并准确停位后，移载机构动作，完成装货过程。然后 AGV 起动，驶向目标卸货点，准确停位后，移载机构动作，完成卸货过程，并向控制系统报告其位置和状态。随后 AGV 起动，驶向待命区域。待接到新的指令后再进行下一次搬运。

第三节　机器人基本操作

培训目标

1. 能根据现场工作情况切换机器人手动和自动模式，并能调整机器人运行速度倍率
2. 能控制 AGV 路径和停顿位置

实际应用中，可添加无线射频识别和光电传感器等增加 AGV 的停靠控制精度。

1. 停止控制

RFID（Radio Frequency Identification）技术，又称为无线射频识别，是一种通信技术，可通过无线电信号识别特定目标并读写相关数据，而无须识别系统与特定目标之间建立机械或光学接触，如图 3-10 所示。

射频识别系统最重要的优点是非接触识别，它能穿透雪、雾、冰、涂料、尘垢和条码无法使用的恶劣环境阅读标签卡，并且阅读速度极快，大多数情况下不超过 100ms。

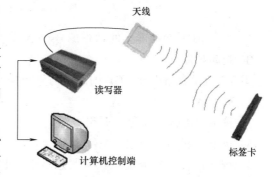

图 3-10　RFID 工作示意

有源式射频识别系统的速写能力也是重要的优点，可用于流程跟踪和维修跟踪等交互式

业务。

从概念上讲，射频标签的工作频率也就是射频识别系统的工作频率。射频标签的工作频率不仅决定着射频识别系统的工作原理（电感耦合或是电磁耦合）、识别距离，还决定了射频标签及读写器实现的难易程度和设备成本。

标签卡工作频率可分为低频、高频、超高频和微波。常见的 RFID 标签卡如图 3-11 所示。

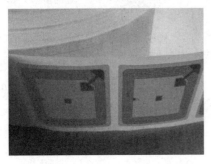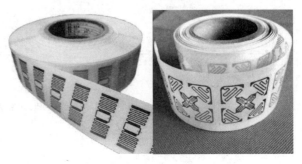

图 3-11　常见的 RFID 标签卡

2. 设定站点

AGV 停靠站点设定步骤如下：

1）通过写卡器，将站号写入 RFID 标签卡。

2）在 AGV 停靠站点处放置磁地标（一小段磁带）。

3）在磁地标后方的运行轨道上放置 RFID 标签卡，放置方式如图 3-12 所示。

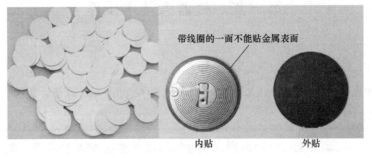

图 3-12　RFID 标签卡放置

4）单击 AGV 触摸屏上的站点编号，小车起动，前往相应站点。

3. 起动与停止

图 3-2 所示磁条引导 AGV 的起动与停止操作如下：

1）确保 AGV 处于磁轨道上。

2）按下"电源"按钮，开启电源。

3）按下"起动"按钮，AGV 运行。

4）按下"急停"按钮，AGV 紧急停止，电源切断。或单击触摸屏上的暂停按钮，AGV 停止。

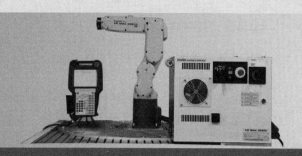

第四单元

中级维护与保养

工业机器人在制造业中的使用程度在不断增加，主要使用在较为恶劣的条件下或工作强度和持续性要求较高的场合，品牌机器人的故障率较低，得到较为广泛的认可。但即使工业机器人的设计较规范和完善，集成度较高，故障率较低，但仍须定期进行常规检查和预防性维护。常见的机器人有串联关节式机器人、直角坐标式机器人、Delta 并联机器人、scara 机器人、自动引导小车等，本文中的维护主要针对关节式机器人。

机器人管理与维护保养的目的是减少机器人的故障率和停机时间，充分利用机器人这一生产要素，最大限度地提高生产效率。机器人的管理与维护保养在企业生产中尤为重要，直接影响到系统寿命，必须精心维护。管理部门要充分认识到机器人维护管理工作的重要性，从制度上建立、健全机器人管理与维护保养体系，包括制度的制订、实施、考核等多个方面。而工业机器人管理与维护人员，必须经过专业培训，具备安全操作知识，并且严格按照维护计划来执行。

第一节　日　常　保　养

培训目标

1. 能检查机器人系统的紧固件是否松动，连接件磨损状况
2. 能检查机器人传感器的灵敏系数
3. 能检查机器人继电器等电器元件的工作状态
4. 能检查接线端子是否发热、发黑、松动
5. 能对机器人系统的工装夹具进行常规检查

工业机器人的日常维护与保养，主要包括一般性保养和例行维护。例行维护分为控制柜维护和机器人本体系统的维护。一般性保养是指机器人操作者在开机前，对设备进行点检，确认设备的完好性以及机器人的原点位置；在工作过程中注意机器人的运行情况，包括油标、油位、仪表压力、指示信号和保险装置等；之后清理现场，整理设备。

一、机械结构维护

机械结构维护针对机器人本体而言，主要是机械手的清洗和检查，减速器的润滑，以及

机械手的轴制动测试。

1. 普通维护

（1）清洗机械手　定期清洗机械手底座和手臂，可使用高压清洗设备，但应避免直接向机械手喷射；如果机械手有油脂膜等保护，按要求去除。应避免使用丙酮等强溶剂；避免使用塑料保护，为防止产生静电，必须使用浸湿或潮湿的抹布擦拭非导电表面，如喷涂设备、软管等，请勿使用干布。

（2）中空手腕的清洗维护　根据实际情况，中空手腕视需要经常清洗，以避免灰尘和颗粒物堆积，用不起毛的布料进行清洁，手腕清洗后，可在手腕表面添加少量凡士林或类似物质，以后清洗时将更加方便。

（3）定期检查　检查是否漏油；检查齿轮游隙是否过大；检查控制柜、吹扫单元、工艺柜和机械手间的电缆是否受损。

（4）固定螺栓的检查　将机械手固定于基础上的紧固螺栓和固定夹必须保持清洁，不可接触水或酸碱溶液等腐蚀性液体。这样可避免紧固件服饰；如果镀锌层或涂料等防腐蚀保护层受损，需清洁相关零件并涂以防腐蚀涂料。

2. 轴制动测试

在操作过程中，每个轴电动机制动器都会正常磨损。为确定制动器是否正常工作，此时必须进行测试。按照以下所述检查每个轴电动机的制动器。

1）运行机械手轴至相应位置，该位置机械手臂总重及所有负载量达到最大值（最大静态负载）。

2）电动机断电。

3）检查所有轴是否维持在原位。如果电动机断电时机械手仍没有改变位置，则制动力矩足够。还可手动移动机械手，检查是否还需要采取进一步保护措施。当移动机器人紧急停止时，制动器会辅助停止，因此可能会产生磨损。所以，在机器人使用寿命期间需要反复测试，以检验机器人是否维持着原来的能力。

3. 系统润滑加油

（1）轴副齿轮和齿轮润滑加油　确保机器人及相关系统关闭并处于锁定状态，每个润滑脂嘴中挤入少许（1g）润滑脂，逐个润滑副齿轮润滑脂嘴和各齿轮润滑脂嘴，但不要注入太多，以免损坏密封。

（2）中空手腕润滑加油　中空手腕有10个润滑点，每个润滑点只需几滴润滑剂（1g），不要注入过量，避免损坏腕部密封和内部套筒。

4. 检查各齿轮箱内油位

各轴加油孔的位置不同，需要针对性地进行检查，有的需要旋转后处于垂直状态再开盖进行检查。

5. 维护周期

1）普通维护频率：1次/天。

2）轴制动测试：1次/天。

3）润滑3轴副齿轮和齿轮：1次/1000h。

4）润滑中空手腕：1次/500h。

5）各齿轮箱内的润滑油：第一次1年更换，以后每5年更换一次。具体时间间隔可根据环境条件、机器人运行时数和温度而适当调整。

二、电气系统维护

1．维护内容

（1）检查控制器散热情况　严禁控制器覆盖塑料或其他材料；控制器后面和侧面留出足够间隔（>120mm）；严禁控制器的位置靠近热源；严禁控制器顶部放有杂物；避免控制器过脏；避免冷却风扇不工作；避免风扇进口或出口堵塞；避免空气滤布过脏；控制器不执行作业时，其前门必须保持关闭。

（2）清洁示教器　应从实际需要出发按适当频率清洁示教器；尽管面板漆膜能耐受大部分溶剂的腐蚀，但仍应避免接触丙酮等强溶剂；示教器不用时应拆下并放置在干净的场所。

（3）清洗控制器内部　应根据环境条件按适当间隔清洁控制器内部，如每年一次；须特别注意冷却风扇和进风口/出风口的清洁。清洁时使用除尘刷，并用吸尘器吸去刷下的灰尘。请勿用吸尘器直接清洁各部件，否则会导致静电放电，进而损坏部件；清洁控制器内部前，一定要切断电源。

（4）清洗或更换滤布　在加有清洁剂的30~40℃水中，清洗滤布3~4次。不得拧干滤布，可放置在平坦表面晾干。还可以用洁净的压缩空气将滤布吹干净。

（5）定期更换电池　测量系统电池为一次性电池（非充电电池），电池需更换时，消息日志会出现一条报警信息。该信息出现后电池电量可维持约1800h。电池仅在控制柜"断电"的情况下工作。电池的使用寿命约7000h。

（6）检查冷却器　冷却回路采用免维护密闭系统设计，需按要求定期检查和清洁外部空气回路的各个部件；环境湿度较大时，需检查排水口是否定期排水。

2．维护频率

1）一般维护：1次/天。

2）清洗/更换滤布：1次/500h。

3）测量系统电池的更换：2次/7000h。

4）计算机风扇单元、伺服风扇单元的更换：1次/50000h。

5）检查冷却器：1次/月。

① 时间间隔主要取决于环境条件。

② 视机器人运行时数和温度而定。

③ 适当确定机器人运行顺畅与否。

三、工装夹具维护

1．夹具组成

夹具分为手动和气动，包括电气控制的夹具。

夹具一般由基准面、角座、规制板、夹爪、定位销、定位面、轴承、夹钳、气缸及气动元件组成，主要通过定位面、定位销、夹爪进行定位和夹紧，从而确保工件的位置精度。

2．夹具点检维护保养（依据点检表）

（1）目视

1）定位销无磨损现象（一般磨损为0.2mm时需更换），磨损后应及时报告工装管理员。

2）定位面无松动、凹坑、过度划伤等，如果有此现象，及时报告班组长，再由工装管理员处理。

3）基准面板表面光滑，无明显凹坑和裂纹。

（2）手动

1）夹爪有效夹紧，无松动、晃动，定位销无脱落、松动，轴承无异响，各单元润滑良好。

2）打开气源，检查气缸活动自如，活塞杆无打火，气缸表面无磨损现象。

3）打开气源，检查各快速接头、气管无老化、松动、漏气现象。

（3）保养

1）工装夹具现场按要求平稳放置。

2）夹具表面清洁，无灰尘、杂物、焊渣等，夹具上各按钮无损坏、残缺，清洁凸凹槽。

3）各单元齐全，夹具编号与铭牌清楚完好。

4）各附属装置（气管、三联件等）表面无灰尘、油污；气路完好，无老化、泄漏现象。

5）气压表正常（工作气压为 0.4~0.6MPa），气动三连件完好，油杯中油量在正常指示范围内，油质（气动油）正常，调压自如，过滤器无堵塞，每日上下班及时清除过滤杯中的水并对夹具加油。

6）夹具上各定位销、夹头、夹块和铜块完整，且润滑良好无异响。

7）各移动部件导轨间无异物，表面无损伤，且润滑良好无异响。

8）减振器工作正常，油量充足，无异响；各气缸、气阀等固定点无松动、窜气现象。

9）焊接辅具上没有焊渣、油污及其他对焊接质量有害的杂质。

10）各装配夹具、样板定位准确，无变形且夹紧装置状态良好。

11）夹具上定位块无变形，非金属压块无磨损、老化、变形。

12）各气动及手动夹紧点在夹紧时必须在死点位置，并且无松动。

13）夹具上的电极板无变形、坑包、厚度、高度应符合工艺要求。

14）夹具上不允许放置劳保用品和过多板件。

15）不允许工件摆放不到位或使用变形产品，强制加紧造成工装损坏。

16）不允许随意敲打、撞击夹具或夹具带"病"工作。

3. 夹具的安全操作与注意事项

1）穿戴好劳保用品，准备好工具，按照夹具点检表对夹具进行点检。

2）将点检存在的问题写在点检表上，如果有定位销、定位面、夹钳等影响质量或不能正常生产的问题，应立即通知工装班人员进行维修。

3）在操作中不得出现用锤子、扁錾或其他物品按压按钮和敲击夹具任何部位等野蛮作业（工具可放在基准面上，但要轻拿轻放）现象。

4）严禁在夹具上堆积过多板件，破坏气管或其他元件。

5）焊接中避免焊钳撞击夹具并产生打火而损坏夹具。

6）操作时身体不允许超过夹具任何部分。

7）手不能放入气缸、平面直线导轨、夹爪等的活动部分。

8）按钮应根据"焊装作业指导书"要求的先后顺序进行操作。

9）旋转夹具在转动时防止工件与身体被划伤。

10）旋转夹具转动时不允许夹具大幅度摆动（旋转轴容易扭断）。

11）应等夹具的活动部分全部到位后方可进行焊接。

工业机器人对于提高产品品质和生产效率，降低人力成本等有着重要意义。工业机器人是企业生产的重要因素，对工业机器人的管理与维护关系着企业的生产效率。企业管理层要高度重视，从制度上健全工业机器人的运行、维护管理制度，提高机器人投运率。维护专业人员也要努力提高职业技能，切实做好检修维护工作，丰富故障判别及维护经验。

第二节　周边设备的保养

培训目标

1. 能对机器人系统中的液压系统进行常规检查
2. 能对机器人系统中的气动系统进行常规检查
3. 能对机器人系统中的电气系统进行常规检查
4. 能清理机器人系统周围环境

一、机器人系统中的液压系统维护

一个系统在正式投入之前一般都要经过冲洗，冲洗的目的是清除残留在系统内的污染物、金属屑、纤维化合物和铁屑等，在最初几小时的工作中，即使没有完全损坏系统，也会引起一系列故障。

（1）清洗系统油路　按下列步骤进行。

1）使用易干的清洁溶剂清洗油箱，再使用经过过滤的空气清除溶剂残渣。

2）清洗系统全部管路，某些情况下需要把管路和接头进行浸渍。

3）在管路中装油滤，以保护阀的供油管路和压力管路。

4）在集流器上装一块冲洗板以代替精密阀，如电液伺服阀等。

5）检查所有管路尺寸是否合适，连接是否正确。

如果系统中使用的是电液伺服阀，则伺服阀的冲洗板要使油液能从供油管路流向集流器，并直接返回油箱，这样可以让油液反复流通，以冲洗系统，让油滤滤掉固体颗粒。冲洗过程中，每隔1~2h要检查一下油滤，以防被污染物堵塞，此时不要打开旁路。若是发现油滤堵塞需马上更换。

冲洗周期由系统构造和系统污染程度决定，若过滤介质中没有或有很少外来污染物，则卸下冲洗板，清洁油滤后继续使用。

（2）有计划地维护　建立定期维护制度，维护保养建议如下：

1）通常每隔3个月就要检查和更换油液。

2）定期冲洗液压泵的进口油滤。

3）检查液压油被酸化或其他污染物污染情况，通过气味可以大致鉴别液压油是否变质。

4）修护系统中的泄漏点。

5）确保没有外来颗粒从油箱的通气盖、油滤的塞座、回油管路的密封垫圈以及油箱其他开口处进入油箱。

二、机器人系统中的气路设备维护

机器人系统中的气路设备维护主要包括对空气压缩机、气源处理原件、气管、插接件、电磁阀、执行元件和辅助原件等的维护，各元件示意图如图4-1所示。

a) 空气压缩机　　　　b) 压力开关及气压表　　　　c) 安全阀　　　　d) 二联件

e) 气管　　　　f) 直通接头　　　　g) T形气管接头　　　　h) L形气管接头

i) Y形正螺纹三通接头　　j) T形正螺纹三通接头　　k) 快插式直通接头　　l) 限流阀

m) 钢制接头　　　　n) 电磁阀　　　　o) 球阀　　　　p) 气缸

q) 真空吸盘　　　　r) 真空发生器　　　　s) 浮动接头　　　　t) 磁控开关

图 4-1　基本元件认识

1. 气动元件的维护要点

1）安全操作。

2）要充分把握初期的运行状态。

3）从整体到局部进行目视检查，易于找到故障原因。

4）严格按作业流程一步一步进行，中间环节不要省略。

5）对调整的部分（速度控制等）一定要锁定处理。

6）分析、整理维护结果，保存设备的故障记录，为最终制订对策流程图做准备。

2. 经常性的维护工作

1）冷凝水的排放。每次运转前将冷凝水排出，注意检查自动排水器是否正常、水杯内存水是否正常。

2）检查油雾器滴油量是否正常，油色是否正常。

3）空气压缩系统的日常管理包括是否向后冷却器供给了冷却水（水冷式），空气压缩机是否有异响和异常发热，润滑油油位是否正常。

3. 定期维护工作

定期维护工作可分为每周、每月、每季度进行的维护工作，维护工作应有记录。

（1）每周维护工作　漏气检查应在白天车间休息的空闲或下班后进行。这时，气动装置已经停止工作，车间内噪声小，但管道内还有一定压力，可根据漏气声确定泄漏处。严重泄漏处必须立即处理，如软管破裂、连接处松动等。其他泄漏应做好记录。

油雾器最好每周补油一次。每次补油应注意油量消耗情况，若耗油过多或过少，先检查滴油数是否正常，如果滴油数正常请选用合适的油雾器。

（2）每季度维护工作　每季度维护工作见表4-1。

表4-1　每季度维护工作

元件	维护内容
自动排水器	能否自动排水、手动操作装置能否正常动作
过滤器	过滤器两侧压差是否超过允许压降
减压阀	旋转手柄，压力可否调节。当系统压力为零时，压力表指针能否回零
压力表	观测压力表指示值是否正常
安全阀	使压力高于设定压力，观察安全阀能否溢流
压力开关	在最高和最低设定压力，观测压力开关能否正常动作
换向阀的排气口	检查油雾的喷出量，有无冷凝水排出，有无漏气
电磁阀	线圈温升、切换动作是否正常
速度控制阀	调节节流阀开度，能否对气缸速度进行有效调节
气缸	动作是否平稳，速度及循环周期有无明显变化，气缸安装架是否松动和异常变形，活塞杆连接有无松动、漏气，活塞杆表面有无锈蚀、划伤、偏磨
空气压缩机	入口过滤网是否堵塞

泄漏说明见表4-2。

表 4-2　泄漏说明

泄漏部位	泄漏原因
管子连接部位	连接部位松动
管接头连接部位	接头松动
软管	软管破裂或被拉脱
空气过滤器排水阀	灰尘嵌入
空气过滤器的水杯	水杯龟裂
减压阀的阀体	紧固螺钉松动
减压阀的溢流孔	灰尘嵌入溢流阀座、阀杆动作不良、膜片破裂;精密减压阀有微漏属于正常
油雾器器体	密封垫密封性不良
油雾器调节针阀	针阀阀座损伤,针阀未紧固
油雾器油杯	油杯龟裂
换向阀阀体	密封不良、螺钉松动、压铸件不合格
换向阀排气口漏气	密封不良、弹簧折断或损伤,灰尘嵌入,气缸的活塞密封圈密封不良、气压不足
安全阀出口侧	压力调整不符合要求,弹簧折断,灰尘嵌入,密封圈损坏
快排阀漏气	灰尘嵌入,密封圈损坏
气缸本体	密封圈磨损,螺钉松动,活塞杆损伤

（3）安全事项

1）空间狭小的场合。气缸必须预先泄压。空间狭小会使气缸在运行到行程末端时发生撞击现象。气缸的运动往往比人手的反应速度要快。保证气缸预先泄压，同时使用工具卡住空间狭小位置，防止气缸误动作。

2）远离阀类和限位开关。检查设备时偶然触碰到限位阀或限位开关，都会产生一个输出信号，这个信号会使气缸或后续执行元件产生不必要的动作。

3）排气系统会在元件内部存留一部分未排出的压力。由三位阀控制的气缸不论有没有主压力都有可能动作。在这种情况下，拆掉气缸与阀之间的气管接头，气缸会突然伸出。

需要考虑在内的危险包括冲到面部的意外排气、会损伤耳朵的气体噪声、会损坏眼睛的排出粒子以及电气和机械部件的移动。安全警示标志如图 4-2 所示。

图 4-2　安全警示标志

（4）主要元件的维护

1）空气压缩机维护。压缩空气经过导流片产生强烈旋转，离心力使杂质和水分分离出来，通过排水口流出。空气压缩机维护原理如图 4-3 所示。

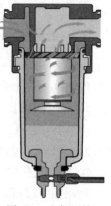

定期维护内容如下：

① 更换滤芯。进出口压差为 0.1MPa 时需要更换。

② 清洗水杯。用中性洗涤剂清洗水杯，检查水杯是否有裂纹。

③ 排水机构检查

2）调压阀维护。调压阀的作用是减压和稳压，其原理如图 4-4 所示。

定期维护内容如下：

① 阀芯部位点检、阀芯滑动面注油。

② 主阀导杆处注油。

图 4-3　空气压缩机维护原理

③ 溢流能力的检验。

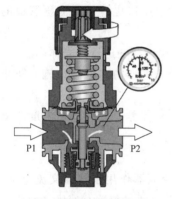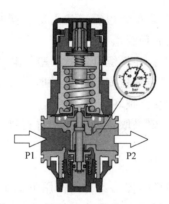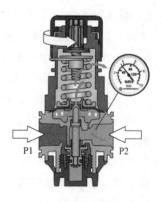

a) 减压:压力调高,主阀芯打开　　　　b) 减压:高压稳定状态　　　　c) 稳压:溢流口打开

图 4-4　调节阀维护原理

3）气缸维护。气缸结构如图 4-5 所示。

定期维护内容如下：

① 检查气缸，安装螺钉及螺母是否松动。

② 检查气缸安装架是否松动、异常、下弯等。

③ 检查动作状态是否平稳，包括最低动作压力及动作的检查。

④ 检查气缸速度和循环时间是否变化。

⑤ 检查行程末端是否有冲击现象。

⑥ 检查是否有外部泄漏，尤其活塞杆密封处。

⑦ 检查杆端连接件、拉杆、螺钉是否松动。

⑧ 检查行程上是否有异状。

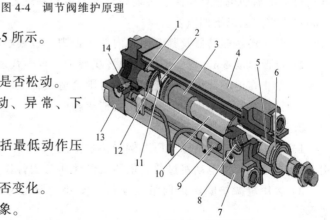

图 4-5　气缸结构

1—缓冲密封圈　2—磁环　3—缓冲套　4—缸筒
5—导向套　6—防尘圈　7—前端盖　8—前气口
9—磁性开关　10—活塞杆　11—耐磨环　12—活塞密封圈　13—后端盖　14—缓冲调节螺栓

⑨ 检查活塞杆上有无划痕、偏磨。

⑩ 确认磁性开关动作，是否有位置偏离。

三、机器人系统中的电气系统维护

机器人系统电气系统维护主要包括对伺服系统、PLC、外围设备、传感器、异步电动机、伺服电动机和外部轴等的维护。具体维护如下：

1. 传感器维护

传感器在使用结束后，需要定期进行维护和保养，否则会影响其测量精度，进而减少使用寿命，因此，传感器的日常养护是非常重要的。

1）要防止传感器接触有腐蚀性的气体，以免受到腐蚀，影响测量结果。

2）测量高温介质时，需在传感器的工作允许温度范围内，否则要更换设备。

3）导压管应安装在温度变化比较小的区域。

4）测量液体时，要防止液体直接冲击传感器而造成损坏，既影响测量结果的准确度，也可能使其不能继续正常工作。

5）测量气体时，传感器要安装在流程管道的上部，同时取压口也应开在流程管道的顶端，这样可以使累积的液体流入流程管道。

6）接线时，要使用防水接头，并将螺母拧紧，避免雨水渗入到变送器的壳体内。

7）为应对冬季低温天气，当传感器安装在室外时，一定要采取防冻保温措施，防止引压口内的液体因为结冰而体积膨胀，损坏传感器。

8）平时使用传感器时，一定要采取正确的方法进行维护和保养，避免其在温度波动比较大的环境中工作。

2. 伺服驱动器维护

伺服驱动器是控制伺服电动机的控制器，其作用类似于变频器作用于普通交流电动机，属于伺服系统的一部分，主要应用于高精度的定位系统。一般是通过位置、速度和力矩三种方式对伺服电动机进行控制，实现高精度的传动系统定位，是应用传动技术的高端产品。保养和检查需注意以下四点：

1）禁止接触驱动器及其电动机内部，否则会造成触电。

2）电源启动 5min 内，不得接触接线端子，否则残余高压可能会造成触电。

3）禁止在电源开启时改变配线，否则会造成触电。

4）禁止拆卸伺服电动机，否则会造成触电。

3. 伺服电动机的维护保养

1）禁止随意改变电源电压。例如接收机用 4.8V，禁止为了提升伺服电动机的性能而改用 6.0V。避免伺服电动机过载，依照工作性质与摆臂长度，决定转矩大小。

2）善用避振垫圈保护伺服电动机，安装伺服电动机时不可过度锁紧，造成避振垫圈变形。

3）更换伺服电动机齿轮时必须使用陶瓷系润滑油，禁止使用矿物系润滑油，以免造成塑胶齿轮变质，容易断裂。

4）若伺服电动机没有防水、防尘功能，需做好防护。

在安装、拆卸耦合部件到伺服电动机轴端时，禁止用锤子直接敲打轴端（否则会损坏伺服电动机轴另一端的编码器）尽量使轴端对齐到最佳状态（否则可能导致振动或轴承损坏）。

4. PLC 维护与检修

虽然 PLC 采用了现代大规模集成电路技术，和同等规模的继电接触器系统相比，其电气接线及开关接点已减少到数百分之一甚至数千分之一，且大部分 PLC 带有硬件故障自我检测功能，出现故障时可及时发出警报信息，故而可以长期稳定和可靠的工作，但是定期进行维护和检查依然必不可少，一般检查周期为半年一次。检修的基本内容包括以下几点：

（1）供电电源　测量加在 PLC 上的电压是否为额定值；电源电压是否出现频繁急剧的变化。检查标准是：电源电压必须在工作电压范围内；电源电压波动必须在允许范围内；供电频率应为额定频率。PLC 电源供应有两种情况，一是 AC（交流电），二是 DC（直流电）。其中 AC 有 110V、220V 两种。以三菱 PLC 为例，它的交流电源工作电压的范围为 85 ~ 264V，但直流电源电压只能为 24V。

（2）环境条件　检查工作环境温度、湿度、振动、灰尘检查。检查标准是：温度在 0 ~ 50℃ 范围内；相对湿度 95% 以下；振幅小于 0.75mm（10~58Hz）；无大量灰尘、盐分或铁屑。

（3）安装条件　基本单元和扩展单元是否安装牢固，应定期（一般为一年一至两次）紧固，基本单元和扩展单元的连接电缆是否完全插好；连接螺钉是否松动；外部接线是否损坏；接地电阻是否符合要求，应定期（一般为一年一至两次）检测。检查标准是：安装螺钉必须上紧；连接电缆不能松动；连接螺钉不能松动；外部接线不能有任何外观异常。

四、机器人系统中的周边设备维护

数控机床机器人管理和维护质量的好坏，直接关系到数控机床机器人能否长期保持良好的工作精度和性能，关系到数控机床机器人的故障率和作业率，关系到加工产品的质量，关系到工厂的生产效率和经济效益的提高；应本着抓好"防"重于"治"这个环节，便能使设备少出故障，减少停机维修时间，大大提高数控机床机器人的使用寿命、工作性能和安全性能，其经济效益是非常显著的。数控机床机器人日常维护方法如下：

（1）电路检修　若数控机床机器人闲置时，请及时拔下电源，防止电流对其机械手内部电路造成损坏，降低其寿命。

（2）清洁环境　数控机床机器人日常保养时，也要尤其注意其工作环境的洁净度。一旦环境的粉尘较多，容易进入机器人，会增加导轨的磨损程度，影响其定位精度和使用寿命，所以要定期及时地对空间环境进行整体清洁。

（3）定期润滑　根据机床上下料机器人的类型不同，其润滑频率以及要求有所不同。但绝大多数机械手都需定期进行润滑，这样可以使设备运行更加稳定，减少各部件之间的摩擦。

（4）碎屑清洁　在抓取特殊物质，如陀螺型物质时，可能会使物料或粉尘等进入数控机床机器人内部，这样会使其工作性能大大降低，所以日常要由专业人士对碎屑进行定期清洁。

（5）湿气防锈　使用销量机床上下料机器人时要注意对其进行湿气防锈，尤其针对夏季或特殊环境湿气较大时，更应及时涂抹优质矿物油，在使用时也要注意尽量佩戴专用手套，防止手上的腐蚀性物质或汗液等与机器人接触后使其锈蚀损坏。

在使用数控机床机器人时，一定要注意定期检查机械手运行是否有异常。在日常使用时只有对其进行科学的维护和保养才能使其长久耐用。

第二部分 高 级 工

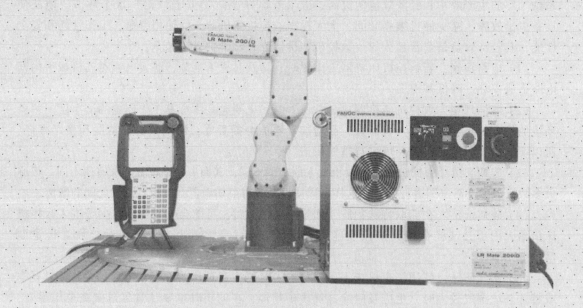

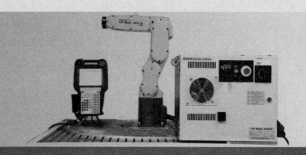

第五单元

高级编程与调试

使用工业机器人时，操作人员必须能够对机器人进行操作和编程调试。进行机器人示教时，需要操作人员能够完成机器人的基本运动操作和作业轨迹规划；而为了使机器人能够进行自动运行，则必须把机器人工作单元的作业过程用机器人语言编成程序，并进行相关调试优化。

第一节　机器人示教与调试

培训目标

1. 能够根据机器人自动运行的现场情况来修正机器人的运动轨迹
2. 能够使用机器人的编程指令，并优化机器人的编程程序

由于技术尚未成熟，目前实际应用中的工业机器人仍以第一代机器人为主，它的基本工作原理是示教再现。

示教是指由操作人员直接或间接引导机器人，一步步按实际要求操作一遍，机器人在示教过程中自动记忆示教的每个动作的位置、姿态、运动参数等，并自动生成一个连续执行全部操作的程序，存储在机器人控制装置内。工业机器人目前普遍采用的示教方式是在线示教。

整个在线示教过程完成后，通过选择示教器上的再现/自动控制模式，给机器人一个启动命令，机器人控制器就会从存储器中，逐点取出各示教点空间位姿坐标值，通过对其进行插补运算，自动生成相应路径规划，然后把各插补点的位姿坐标值通过运动学逆解运算转换成关节角度值，分送机器人各关节或关节控制器，使机器人在一定精度范围内按照程序完成示教的动作和赋予的作业内容，实现再现（自动运行）过程。

一、机器人轨迹编程

运动轨迹是机器人为完成某一作业，TCP所掠过的路径，它是机器人示教的重点。

1. 机器人轨迹分析

（1）机器人运动轨迹分类　工业机器人的运动轨迹按其运动方式可分为点位运动和连续路径运动；按其运动路径种类可分为直线运动、圆弧运动和曲线运动。

1）点位运动和连续路径运动。

① 点位运动（Point to Point，PTP）。点位运动只关心机器人末端执行器运动的起始点和目标点位姿，而不关心这两点之间的运动轨迹。这种运动是沿最快速的轨迹移动（一般情况下不是沿直线运动），此时机器人所有轴进行同步转动，因此该运动轨迹不可精确预知。例如，图5-1所示机器人末端执行器由A点点位运动到B点，则机器人的运动路径可以是1~3中的任意一个，这由机器人控制系统自身决定。但是如果机器人沿路径3运动，可能会发生机器人末端执行器与工件或设备碰撞的情况，所以在有安全隐患的情况下，不能使用点位运动。因此，点位运动方式可以完成无障碍条件下的搬运、定位焊等作业操作。

② 连续路径运动（Continuous Point，CP）。连续路径运动不仅关心机器人末端执行器达到目标点的精度，而且必须保证机器人能沿所期望的轨迹在一定精度范围内重复运动。例如，图5-1所示的机器人末端执行器由A点直线运动到B点，则机器人只能沿直线路径2运动。因此，连续路径运动方式可完成机器人弧焊、涂装等操作。

机器人连续路径运动的实现是以点位运动为基础，通过在相邻两点之间采用满足精度要求的直线或圆弧轨迹插补运算即可实现轨迹的连续化。

图5-1　工业机器人路径运动方式

2）直线运动、圆弧运动和曲线运动。机器人的末端执行器从起始点运动至目标点的过程中，如果这两点之间的运动路径是直线，则机器人的运动为直线运动；如果这两点之间的运动路径是圆弧，则机器人的运动为圆弧运动；如果这两点之间的运动路径是直线与圆弧的自由组合形式，则机器人的运动为曲线运动。

3）焊接动作轨迹。一般而言，弧焊机器人进行焊接作业时主要有4种基本动作形式，包括直线运动、圆弧运动、直线摆动和圆弧摆动，其他任何复杂的焊接轨迹都可看成由这4种基本动作形式组成。机器人焊接作业时的附加摆动是为了保证焊缝位置对中和焊缝两侧熔合良好。

① 直线摆动。机器人沿着一条直线做一定振幅的摆动运动。直线摆动程序先示教1个摆动开始点，再示教2个振幅点和1个摆动结束点，如图5-2a所示。

② 圆弧摆动。机器人能够以一定的振幅，摆动通过一段圆弧。圆弧摆动程序先示教1个摆动开始点，再示教2个振幅点和1个圆弧摆动中间点，最后示教1个摆动结束点，如图5-2b所示。

（2）机器人运动轨迹的程序点　示教时，不可能将机器人作业运动轨迹上所有的点都示教一遍，这既费时又占用大量的存储空间。实际上，对于有规律的轨迹，原则上仅需示教几个程序点（也称为示教点）。例如，直线运动示教起始点和目标点2个程序点；圆弧运动示教起始点、中间点和目标点3个程序点。在具体操作过程中，通常采用PTP方式示教各段运动轨迹的端点，而端点之间的CP运动由机器人控制系统的路径规划模块插补运算产生。

例如，当再现图5-3所示的运动轨迹时，机器人按照程序点P1输入的插补方式和再现

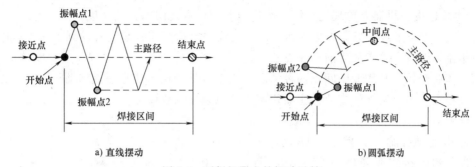

图 5-2　弧焊机器人的摆动示教

速度，从当前点移动至程序点 P1 的位置。然后，在程序点 P1 与 P2 之间，按照程序点 P2 输入的插补方式和再现速度移动。依此类推，机器人按照目标程序点输入的插补方式和再现速度移动至目标位置。

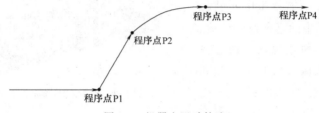

图 5-3　机器人运动轨迹

由此可见，机器人运动轨迹的示教主要是确定程序点的属性。一般而言，每个程序点主要包括 4 部分信息，即位置坐标、插补方式、再现速度和作业点/空走点。

1）位置坐标。描述机器人 TCP 的 6 个自由度。

2）插补方式。机器人再现运行时，决定程序点与程序点之间以何种轨迹移动的方式叫作插补方式。工业机器人作业示教常用的插补方式有关节插补、直线插补和圆弧插补 3 种，见表 5-1。

表 5-1　工业机器人作业示教常用的插补方式

插补方式	关节插补	直线插补	圆弧插补
动作描述	机器人在未设定以哪种轨迹移动时，默认采用关节插补。出于安全考虑，一般在机器人原点位置用关节插补方式示教。对应关节运动指令	机器人以直线运动形式从前一个程序点移动至当前程序点。直线插补方式主要用于直线运动的作业示教。对应线性运动指令	机器人沿着用于圆弧插补示教的 3 个程序点执行圆弧轨迹移动。圆弧插补主要用于圆弧运动的作业示教。对应圆弧运动指令
动作示意图			

3）再现速度。机器人再现运行时，程序点与程序点之间的移动速度。

4）作业点/空走点。机器人再现运行时，需要决定从当前程序点移动到下一个程序点是否实施作业。作业点是指从当前程序点移动至下一个程序点的整个过程中需要实施的作业，主要用于作业开始点和作业中间点两种情况；空走点是指从当前程序点移动至下一个程序点的整个过程中不需要实施的作业，主要用于作业点以外的程序点。

在作业开始点和作业结束点一般都有相应的作业动作命令，例如 YASKA-WA 机器人的焊接作业开始命令 "AR-CON" 和结束命令 "ARCOF"，搬运作业开始命令 "HAND ON" 和结束命令 "HAND OFF" 等。

作业区间的再现速度一般按作业参数中指定的速度移动，而空走区间的移动速度是按移动命令中的指定速度移动。

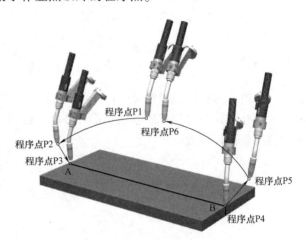

图 5-4　机器人焊接加工运动轨迹示教

（3）机器人运动轨迹规划　通过在线示教方式为机器人输入从工件 A 点到 B 点的焊接作业轨迹，即程序点 P1→程序点 P2→程序点 P3→程序点 P4→程序点 P5→程序点 P6，如图 5-4 所示。该过程的程序一般由 6 个程序点组成（编号 1~6），每个程序点的用途说明见表 5-2。

表 5-2　每个程序点的用途说明

程序点	说明	用途
程序点 P1	机器人原点位置 1	机器人安全位置。以防非程序设计人员在未知情况操作下无法判断机器人运动轨迹，同时保证姿态美观合理
程序点 P2	作业接近点	机器人调整好作业姿态，方便下一步的作业动作
程序点 P3	作业开始点	按照实际要求，开始作业动作
程序点 P4	作业结束点	按照实际要求，结束作业动作
程序点 P5	作业规避点	通常是以作业动作时的姿态，远离作业结束点一段距离。方便之后调整末端执行器的姿态，避免在调整过程中，碰撞到工件或周边设备
程序点 P6	机器人原点位置 2	机器人回到安全位置。为了提高工作效率，通常将程序点 P6 和程序点 P1 设在同一位置

以图 5-4 所示的运动轨迹为例，给机器人输入一段直线焊缝的作业程序。处于待机状态的位置程序点 P1 和程序点 P6，要处于与工件、夹具等互不干涉的位置。另外，机器人末端执行器由程序点 P5 向程序点 P6 移动时，也要处于与工件、夹具等互不干涉的位置。

2. 机器人轨迹修正

在实际应用中，需要根据项目要求，通过轨迹跟踪对机器人的运动轨迹进行合理修正。一般机器人轨迹修正包括程序点的编辑、程序点的属性修正。

（1）轨迹跟踪　在完成机器人运动轨迹后，需试运行测试一下程序，以便检查各程序点及参数设置是否正确，此过程即跟踪。跟踪的主要目的是检查示教生成的动作以及末端执行器姿态是否已被记录。

一般工业机器人确认示教轨迹与期望是否一致可采用的跟踪方式有两种：

1）单步运行。机器人通过逐行执行当前行（光标所在行）的程序语句，来实现两个临近程序点间的单步正向或反向移动。执行完一行程序语句后，机器人动作暂停。

2）连续运行。机器人通过连续执行作业程序，从程序的当前行至程序的末尾，来完成多个程序点的顺序连续移动。该方式只能实现正向跟踪，常用于作业周期估计。

确认机器人附近无其他人员后，按以下顺序执行作业程序的测试运行：

① 打开要测试的程序文件。

② 移动光标至期望跟踪程序点所在的命令行。

③ 操作示教器上有关跟踪功能的按键，实现机器人的单步或连续运行。

注意，执行检查运行时，一般不执行起弧、涂装等作业命令，只执行运动轨迹再现。

（2）程序点编辑　　在检查试运行过程中，如果发现某个程序点的位置和姿态不合理或错误，可以在示教器显示屏的通用显示区（程序编辑界面），利用文件编辑功能，快速修正该程序点的位置和姿态。

（3）插补方式修正　　程序点编辑完成后，根据项目实际应用环境和机器人运动轨迹，适当修正机器人的插补方式，即更改机器人的运动指令。

在图 5-4 中，机器人从程序点 P1 运动至程序点 P2 通常采用关节插补方式，使其以最佳工作状态运动。但如果在这两个程序点之间存在其他工件或者周边设备，为了避免因关节运动轨迹的不可控性而导致发生碰撞，则可将插补方式改为直线插补，如图 5-5 所示，以控制机器人运动轨迹。

（4）运行速度修正　　对于空走点，机器人的运行速度一般较快，以缩短作业周期，提高工作效率；而对于作业点，机器人运行速度通常较慢，需要根据实际项目要求调整至最佳速度。如图 5-4 中所示的 A 点和 B 点，需要根据实际焊接效果反复调整机器人运行速度，以保证焊接质量。

（5）定位类型修正　　机器人运动至每个程序点处，都需要指定一个定位类型。定位类型是指机器人通过示教位置时，实际运动轨迹与示教位置的接近程度，如图 5-6 所示。

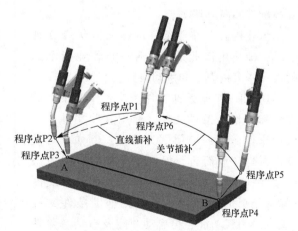

图 5-5　机器人运动轨迹的插补方式修正

一般工业机器人的定位类型可分为 FINE 定位和非 FINE 定位两类。

1）FINE 定位。该定位类型是指机器人运动时的实际位置与示教位置重合，精确运动至程序点，且在该点停顿。

2）非 FINE 定位。该定位类型是机器人靠近示教位置，但不在该程序点停止，而是接近该程序点后继续圆弧过渡到下一程序点。通常指定转弯半径值或等级值来表示机器人接近程序点的具体程度。转弯半径值或等级值越大，表示机器人离示教位置越远。

二、机器人程序编写及优化

1. 机器人程序编写

基于机器人的程序结构，在机器人轨迹规划和示教完成之后，需要根据实际项目要求，在程序中设定相关的作业条件和作业顺序，完善整个作业程序，保证机器人再现运行时能够完成要求的作业动作和内容。

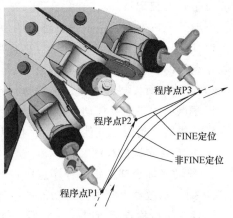

图 5-6　机器人运动轨迹的定位类型

（1）机器人程序结构。一般机器人的程序结构包含任务、模块、例行程序 3 个等级，如图 5-7 所示。

一个任务中可以包含若干个模块，而一个模块中又包含若干程序。通常用户程序分布于不同的模块中，在不同的模块中编写对应的例行程序和中断程序。主程序为程序执行的入口，有且仅有一个，通常通过执行主程序调用其他子程序，实现机器人的相应功能。

（2）机器人作业条件程序编写　为获得更好的产品质量与作业效果，在机器人再现之前，有必要合理配置其作业的工艺条件。例如，焊接作业时的电流、电压、速度和保护气体流量等；涂装作业时的涂液吐出量、旋杯旋转和高电压等。

工业机器人作业条件的输入方法有 3 种形式，即使用作业条件文件、在作业指令的附加项中直接设定和手动设定。

1）使用作业条件文件。输入作业条件的文件称为作业条件文件。使用这些文件，可以使作业命令的应用更为简便。例如，对机器人弧焊作业而言，焊接条件文件有引弧条件文件（输入引弧时的条件）、熄弧条件文件（输入熄弧时的条件）和焊接辅助条件文件（输入再引弧功能、再启动功能及自动解除粘丝功能）3 种。每种文件的调用以编号形式指定。

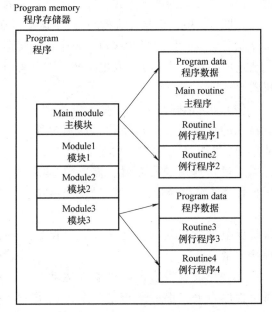

图 5-7　机器人的程序结构

2）在作业指令的附加项中直接设定。采用此方法进行作业条件设定，首先需要了解工业机器人的语言形式或者程序编辑界面的构成要素。程序语句一般由行标号、指令及附加项 3 部分组成。要修改附加项数据，将光标移动至相应语句上，然后点按示教器上的相关按键即可。

3）手动设定。在某些应用场合下，相关作业参数需要手动进行设定。例如，弧焊作业时的保护气体流量，点焊作业时的焊接参数等。

（3）机器人作业顺序设置　同作业条件的设置类似，合理的作业顺序不仅可以保证产品质量，而且还可以有效提高效率。一般而言，作业顺序的设置主要涉及作业对象的工艺顺序和机器人与外围周边设备的动作顺序。

1）作业对象的工艺顺序。有关这方面，基本已融入机器人运动轨迹的合理规划部分，即在简单作业场合，作业顺序的设定与机器人运动轨迹的示教合二为一。

2）机器人与外围周边设备的动作顺序。在工业实际应用中，机器人要完成期望作业，需要依赖其控制器与周边辅助设备的有效配合和相互协调使用，以减少停机时间，降低设备故障率，提高安全性，并获得理想的作业质量。

（4）机器人完整作业程序编写　整个作业动作的实现，需要在运动轨迹基础上，为机器人添加作业条件。

图5-4所示的完整焊接作业程序为输入程序点P1→输入程序点P2→输入程序点P3→焊接作业开始指令→输入程序点P4→焊接作业结束指令→输入程序点P5→输入程序点P6，具体见表5-3。

表5-3　完整焊接作业程序

行标号	指令及附加项	内容说明
1:	UFRAME_NUM = 1	机器人当前所选的用户坐标系
2:	UTOOL_NUM = 1	机器人当前所选的工具坐标系
3:	J　P[1]　100%　FINE	机器人移动到原点位置1（程序点P1）
4:	J　P[2]　100%　FINE	机器人移动到焊接开始位置附近（程序点P2）
5:	L　P[3]　30mm/sec　FINE	机器人移动到焊接开始点（程序点P3）
6:	ARC Start[1]	机器人焊接开始
7:	L　P[4]　8mm/sec　FINE	机器人移动到焊接结束点（程序点P4）
8:	ARC End[1]	机器人焊接结束
9:	L　P[5]　30mm/sec　FINE	机器人移动到焊接结束位置附近（程序点P5）
10:	J　P[1]　100%　FINE	机器人移动到原点位置1（程序点P1）
11:	[END]	程序结束

为了实现机器人整个焊接作业动作，需要添加焊接作业条件，即焊接工艺参数，主要包括3个方面：

1）在焊接作业开始指令中设定焊接开始规范及焊接开始动作顺序。通过焊接作业开始指令设定焊接电流、焊接电压、焊接速度等参数。同时，还需要设定焊接开始动作顺序，指定运行某个程序时开始焊接操作。根据实际需要设定再引弧功能，防止电弧发生错误导致机器人停止、作业中断等。

2）在焊接作业结束指令中设定焊接结束规范及焊接结束动作顺序。通过焊接作业结束指令设定收弧电流、收弧电压、填坑时间等参数。同时，还需要设定焊接结束动作顺序，指定运行某个程序时结束焊接操作，根据实际需要设定自动粘丝解除功能。

3）手动调节保护气体流量。为了调整保护气体流量，需要使用送丝和检气功能，在编辑模式下合理配置参数值。

2. 机器人程序优化

当机器人的运动轨迹、作业条件和作业顺序都设定好之后，需要根据实际试运行效果反复优化程序。机器人程序的优化包括作业工艺条件的修改，作业顺序指令的修改、添加、删除，以及指令的复制、粘贴和删除等。

（1）指令优化 在某些场合，如图 5-8 所示的搬运应用中，灵活运用作业指令，可以大幅度提高作业效率，见表 5-4。

搬运应用的路径规划为初始点 P1→接近点 P2→圆饼 1 拾取点 P3→圆饼 1 抬起点 P2→圆饼 7 抬起点 P4→圆饼 7 拾取点 P5→圆饼 7 抬起点 P4→初始点 P1。将 3 个物料依次从工位 1 搬运至工位 7，工位 2 搬运至工位 8，工位 3 搬运至工位 9。

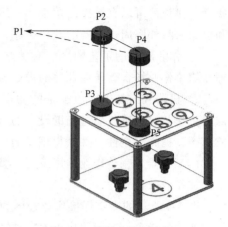

图 5-8　机器人搬运应用

表 5-4　机器人作业指令优化

方法	逐点示教	指令优化
程序	... L P[1]100mm/sec FINE L P[2]100mm/sec FINE L P[3]100mm/sec FINE RO[7]=ON WAIT　1.00(sec) L P[2]100mm/sec FINE L P[4]100mm/sec FINE L P[5]100mm/sec FINE RO[7]=OFF WAIT　1.00(sec) L P[4]100mm/sec FINE L P[6]100mm/sec FINE L P[7]100mm/sec FINE RO[7]=ON WAIT　1.00(sec) L P[6]100mm/sec FINE L P[8]100mm/sec FINE L P[9]100mm/sec FINE RO[7]=OFF WAIT　1.00(sec) L P[8]100mm/sec FINE L P[10]100mm/sec FINE L P[11]100mm/sec FINE RO[7]=ON WAIT　1.00(sec) L P[10]100mm/sec FINE L P[12]100mm/sec FINE L P[13]100mm/sec FINE RO[7]=OFF WAIT　1.00(sec) L P[12]100mm/sec FINE L P[1]100mm/sec FINE [END]	... L P[1]100mm/sec FINE FOR R[1]1 TO 3 PR[1]=PR[1]-PR[1] PR[1,1]=(R[1]-1)*55 L P[2]100mm/sec FINE Offset PR[1] L P[3]100mm/sec FINE Offset PR[1] RO[7]=ON WAIT　1.00(sec) L P[2]100mm/sec FINE Offset PR[1] L P[4]100mm/sec FINE Offset PR[1] L P[5]100mm/sec FINE Offset PR[1] RO[7]=OFF WAIT　1.00(sec) L P[4]100mm/sec FINE Offset PR[1] ENDFOR L P[1]100mm/sec FINE [END]

（2）再现运行 示教操作生成的作业程序，经测试无误后，将机器人的"模式选择"调至"再现/自动模式"，通过运行示教过的程序即可完成对工件的再现作业。

工业机器人程序的启动主要有手动启动和自动启动两种方法。

1）手动启动。使用示教器上的"启动"按钮来启动程序，该方法适用于作业任务编程及其测试阶段。

2）自动启动。利用外部设备输入信号来启动程序，该方法在实际生产中经常采用。在确认机器人的运行范围内没有其他人员或障碍物后，接通保护气体，采用自动启动方式实现自动焊接作业，操作顺序如下：

1）打开要再现的作业程序，并移动光标至该程序的开头。

2）切换"模式选择"至"自动模式"。

3）按示教器上的"安全开关"，接通伺服电源。

4）按"启动按钮"，机器人开始运行，实现从工件 A 点到 B 点的焊接作业再现操作。

执行程序时，光标会跟随再现过程移动，程序内容会自动滚动显示。

第二节 机器人离线编程

培训目标

1. 能够使用离线编程软件进行基于 CAD 模型的轨迹生成
2. 能够使用机器人离线编程软件进行单台机器人离线编程仿真

当前工业自动化市场竞争日益加剧，客户在生产中要求更高的效率，以降低价格，提高质量。这意味着要停止现有的生产以对新的或修改的部件进行编程，即在新产品生产之初花费时间检测或试运行机器人程序是不可行的。未先验证到达距离及工作区域，就冒险制造刀具和固定装置已不再是首选方法。现代生产厂家在设计阶段就会对新部件的可制造性进行检查。在为机器人编程时，离线编程可与建立机器人应用系统同时进行。

在产品制造的同时对机器人系统进行离线编程，可提早开始产品生产，缩短上市时间。离线编程在实际安装机器人之前，通过可视化及可确认的解决方案和布局来降低风险，并通过创建更加精确的路径来获得更高的部件质量。

离线编程是针对机器人在线示教存在时效性差、效率低且具有安全隐患等缺点而产生的一种技术，它不需要操作者对实际作业的机器人进行在线示教，而是通过离线编程系统对作业过程进行程序编程和虚拟仿真，这大大提高了机器人的使用效率和工业生产的自动化程度。

离线编程是利用计算机图形学的成果，在其软件系统环境中创建工业机器人系统及其作业场景的几何模型，通过对模型的控制和操作，使用机器人编程语言描述机器人的作业过程，然后对编程结果进行虚拟仿真，离线计算、规划和调试机器人程序的正确性，并生成机器人控制器能够执行的程序代码，最后通过通信接口发送给机器人控制器。

工业机器人的离线编程基本示教步骤主要包括系统几何建模、空间布局、运动规划和虚拟仿真，具体流程如图 5-9 所示。

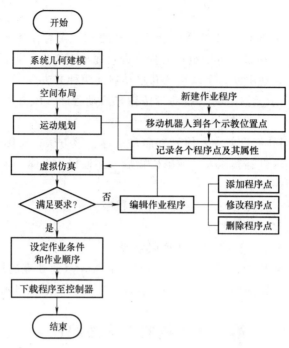

图 5-9　工业机器人离线编程的基本示教流程

一、离线编程轨迹生成

1. 离线编程软件使用

目前工业机器人的离线编程软件主要有 ABB 机器人的 RobotStudio、KUKA 机器人的 Sim Pro、YASKAWA 机器人的 MotoSim EG-VRC、FANUC 机器人的 ROBOGUIDE 和 EPSON 机器人的 RC+等，大多数机器人公司将这些软件作为用户的选购附件出售。

离线编程软件的用户界面主要包括菜单栏、工具栏、3D 模型视图区和状态栏等，如图 5-10 所示。

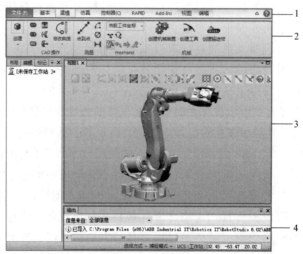

图 5-10　用户界面

1—菜单栏　2—工具栏　3—3D 模型视图区　4—状态栏

（1）菜单栏　提供相关功能选项，主要有文件管理、基本功能、建模功能、仿真演示和帮助说明等。

1）文件。即文件管理，可以打开软件后台视图，其中会显示当前活动工作站的信息和原数据，可列出最近打开的工作站，并提供一系列用户选项，如新建、打印、保存和另存工作站等。

2）基本。即基本功能，可从外部导入 CAD 模型，构建工作站，并创建系统、编程路径和用于摆放物体的控件等。

3）建模。即建模功能，软件自带简单 3D 模型的创建，包含创建和分组组件、创建部件、测量以及进行 CAD 相关操作。

4）仿真。即仿真演示，包括创建、配置、控制、监控和记录仿真的相关控件。

5）帮助。"问号"图标表示帮助说明，用于对软件操作进行提示说明。

（2）工具栏　提供各种编辑工具。为方便使用以提高效率，在用户界面的相应位置上设立各种工具图标。

（3）3D 模型视图区　该区域显示机器人 3D 模型以及常用的快捷操作按钮等。

（4）状态栏　状态输出窗口显示工作站内出现的事件的相关状态信息、坐标系等参数，例如，启动或停止仿真的时间、报警提示信息。输出窗口中的信息对排除工作站故障很有用。

2. 仿真模型导入与轨迹规划

本节以工业机器人技能考核实训台为例，介绍机器人离线编程的应用。

（1）系统几何建模　对工业机器人及其辅助系统进行三维几何建模是离线编程的首要任务。目前的离线编程软件一般都具有简单的建模功能，但对于复杂系统的三维模型，通常是通过其他 CAD 软件（如 SolidWorks、Pro/E、UG 等）将其转换成 IGES、DXF、STP 和 SAT 等格式文件，再导入离线编程软件中。

如果工业机器人及其辅助系统模型是由其他 CAD 软件绘制导入，则需要考虑参考坐标系是否一致。

本例中的系统几何建模主要指智能制造生产线系统模型的安装。模型安装完成后，可在实际要求的工位上布局机器人、作业工具、物料工件等。

1）导入实训台。在导入模型之前，先将 CAD 软件绘制的工业机器人技能考核实训台 3D 模型转换成离线编程软件能够识别的文件类型。打开离线编程软件，选择模型导入的路径和文件类型，如图 5-11 所示，完成实训台 3D 模型的导入，如图 5-12 所示。

2）调整实训台位置。有时建立模型的参考坐标系与离线编程软件的坐标系不同，这就需要调整模型至合理位置。通过模型"设定位置"选项，调整模型相对于软件参考坐标系的位置和方向，并放置到合适位置，如图 5-13 所示。

（2）空间布局　在离线编程软件内置的配套机器人系统中，根据实际作业系统的装配和安装布局情况，把工业机器人及其辅助系统模型在仿真环境中进行空间布局。

机器人系统模型的空间布局主要包括机器人安装、作业工具安装和物料工件安装。

1）机器人安装。在不同的虚拟仿真任务中，用户需要根据任务要求和作业环境，选择合适的机器人。将机器人导入离线编程软件中，并通过模型"设定位置"选项，按照实训台的实际工位要求将机器人调整至合理的位置，如图 5-14 所示。

图 5-11　工业机器人技能考核
实训台 3D 模型导入路径

图 5-12　工业机器人技能考核实训台 3D 模型导入

图 5-13　工业机器人技能考核实训台 3D 模型位置调整

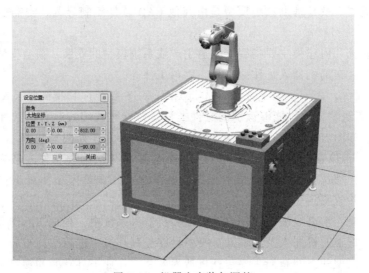

图 5-14　机器人安装与调整

2）作业工具安装。根据机器人特点和作业环境要求，选择合适的作业工具，如焊枪、搬运夹爪、吸盘等，并将工具安装在工业机器人连接法兰的中心位置，如图 5-15 所示。

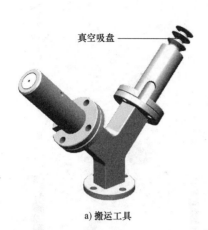

真空吸盘

a) 搬运工具

b) 搬运工具安装

图 5-15　作业工具安装

3）物料工件安装。工具安装完成后，根据作业任务要求，安装相应的物料工件。导入物料工件模型，如图 5-16 所示，通过模型"位置设定"选项，将其安装在要求的位置上，如图 5-17 所示。

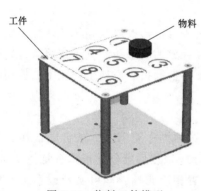

工件　　　物料

图 5-16　物料工件模型

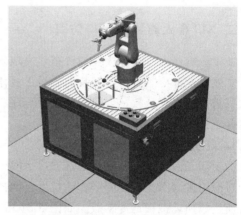

图 5-17　物料工件安装

（3）运动规划　新建作业程序，通过软件操作将机器人移动至各程序点位置，并记录各点坐标及其属性。对此过程的运动规划主要包括作业位置规划和作业轨迹规划两方面。

作业位置规划的主要目的是在机器人工作空间范围内，尽量减少机器人在作业过程中的极限运动或避免机器人各轴的极限位置；作业轨迹规划的主要目的是在保证末端执行器作业姿态的前提下，避免各程序点机器人与工件、工具、周边设备等发生碰撞。

1）作业位置规划。物料工件模型导入和空间布局完成后，通常需要为机器人建立系统，并完成坐标系的创建，如图 5-18 中 $OXYZ$ 所示。规划机器人的作业位置，确保机器人能够达到工作区域。

2）作业轨迹规划。在作业位置规划完成后，可以对作业轨迹进行规划。本例以搬运作业来说明，要求机器人利用真空吸盘将物料从一个工位搬运至另一个工位。本任务中搬运一个工件需要示教 6 个位置。以 2 号工位为例，机器人要实现搬运物料效果，其工具末端的运动路径是 P1→P2→P3→P4→P5→P6，如图 5-19 所示。

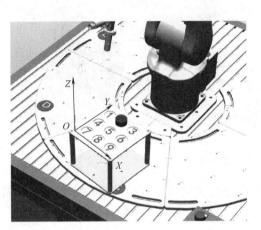

图 5-18　工件坐标系创建

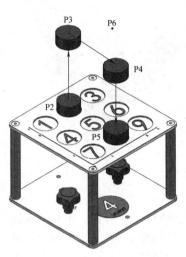

图 5-19　搬运物料轨迹规划

二、机器人离线编程与仿真

在工业机器人技能考核实训台搭建完成之后，就可进行机器人离线编程了。为了实现搬运仿真效果，首先需要为已安装的搬运工具添加抓取和释放的动态功能，并按照搬运轨迹规划的要求进行逐点示教，创建搬运路径程序，然后将 I/O 控制指令添加至程序中，控制机器人实现工件搬运。

1. 离线程序建立与编写

（1）动态搬运工具创建　通过"手动关节运动"选项操作机器人，从自动快换装置中选择对应的搬运工具，并调至合适位置，如图 5-20 所示，以便后续创建虚拟视觉传感器。

通过添加虚拟视觉传感器，如图 5-21 所示，并设置相应属性，即可实现搬运工具的抓取和释放功能。

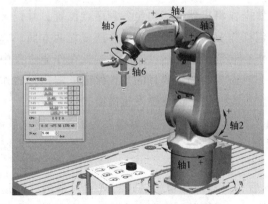

图 5-20　机器人搬运工具姿态调整

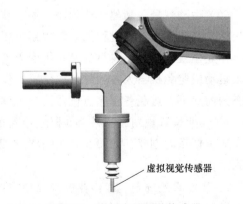

图 5-21　添加虚拟视觉传感器

（2）搬运路径创建　通过"手动线性运动"选项操作机器人，按照搬运轨迹规划的要求，对 P1、P2、P3、P4、P5 和 P6 进行逐点示教，创建搬运路径程序，如图 5-22 所示。

（3）离线编程程序　在搬运路径建立之后，将相关 I/O 控制指令添加至程序中，生成完整的搬运程序。智能制造生产线的完整搬运程序举例如下：

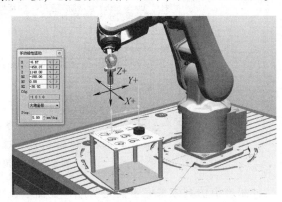

图 5-22　搬运路径创建

```
PROC Handing( )
        MoveJ Target_10,v200,fine,TC-
PAir\WObj：=wobj0；
        MoveL Target_20,v200,fine,TC-
PAir\WObj：=wobj0；
        SetDO Gripper,1；
        MoveL Target_30,v200,fine,TC-
PAir\WObj：=wobj0；
        MoveL Target_40,v200,fine,TCPAir\WObj：=wobj0；
        MoveL Target_50,v200,fine,TCPAir\WObj：=wobj0；
        SetDO Gripper,0；
        MoveL Target_60,v200,fine,TCPAir\WObj：=wobj0；
ENDPROC
```

2. 离线仿真及动画输出

在虚拟仿真中，软件系统会对运行轨迹规划的结果进行三维模型动画仿真，模拟完整作业过程，检查末端执行器发生碰撞的可能性以及机器人的运动轨迹是否合理，并计算机器人每个工步的操作时间和整个作业过程的循环周期，为离线编程结果的可行性提供参考。

机器人搬运作业的离线仿真演示如图 5-23 所示。

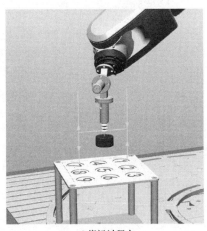

a) 搬运过程中

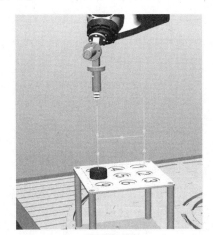

b) 搬运结束

图 5-23　机器人搬运作业的离线仿真演示

离线编程软件一般具有仿真录像功能，可以将软件视图中的画面录制成一定格式的视频，并具有打包工作站功能，如图 5-24 所示，方便用户之间交流讨论。

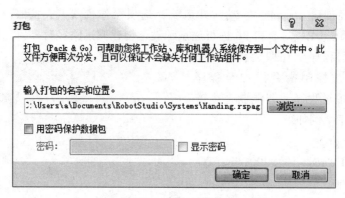

图 5-24　打包工作站

　　如果虚拟仿真效果完全满足实际作业需求，就可以将仿真用的作业程序生成机器人实际作业所需的程序代码，并通过通信接口下载到机器人控制器，控制机器人执行指定的作业任务。

　　出于安全考虑以及实际误差存在，离线编程生成的目标作业程序在自动运行前必须进行跟踪试运行。经确认无误后，方可再现搬运作业。开始再现前，要进行工件表面的清理与装夹、机器人原点位置确认等准备工作。

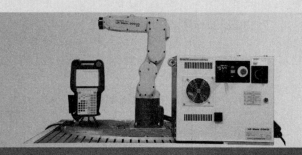

第六单元

关节机器人操作与调整（高级）

由于具有 6 个旋转关节的铰链开链式机器人从运动学上已被证明能以最小的结构尺寸获取最大的工作空间，并且能以较高的位置精度和最优的路径到达指定位置，因而关节机器人在工业领域得到广泛应用。本单元介绍关节机器人的基本操作与调试，以及机器人系统周边设备的安装与使用方法。

第一节　工具准备

1. 典型行业应用执行器类型

（1）焊枪修整器　焊枪经过长时间焊接后，内壁会积累大量的焊渣，影响焊接质量，因此需要使用焊枪修整器进行定期清除。而焊丝过短、过长或焊丝端头成球状，也可以通过焊枪修整器进行处理。

焊枪修整器主要包括清枪装置、喷油装置和剪丝装置 3 个部分，如图 6-1 所示。

1）清枪装置。该装置主要用于清除喷嘴内表面残留的焊渣，以保证保护气体的畅通。其主要部件是清枪用铰刀，如图 6-2 所示。

2）喷油装置。该装置（见图 6-3）喷出的防溅液可以减少焊渣的附着，降低维护频率。焊枪喷嘴的自动喷油装置有恒定的喷射时间，它是由气动信号断续器控制的。信号断续器带有手动操控器，可以实现首次使用时的充油，以及喷射效果和喷射方向的检查。

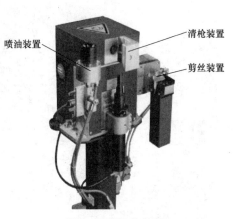

图 6-1　焊枪修整器

喷射效果可以通过滴油帽上的调节螺钉来调节，两个硅油喷嘴必须交汇到焊枪喷嘴，确保垂直喷入焊枪喷嘴，如图 6-3 所示。

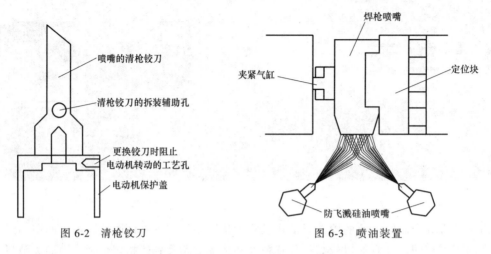

图 6-2　清枪铰刀　　　　　　　　　图 6-3　喷油装置

3）剪丝装置。该装置主要应用在用焊丝进行起始点检出的场合，以确保精确剪丝和精确测量 TCP（工具中心点），提高检出精度和起弧性能。

（2）喷枪清理装置　喷涂机器人的设备利用率高达 90%～95%，在进行喷涂作业过程中难免发生污染物堵塞喷枪气路现象。另外，在对不同工件进行喷涂时还需要完成颜色更换，此时也需要对喷枪进行清理。自动化的喷枪清理装置能够快速、干净、安全地完成喷枪的清洗和换色，彻底清除喷枪通道内及喷枪上飞溅的涂料残渣，同时对喷枪完成干燥，减少喷枪清理所耗用的时间、溶剂及空气，如图 6-4 所示。

（3）打磨砂带机　打磨砂带机是一种能够重复进行抛光作业的打磨抛光设备，可以由工业机器人全自动控制，主要用于平面研磨、磨角、磨边、磨圆、磨方、去飞边、倒角和抛光等场合。机器人打磨砂带机中砂带的柔性能适应各种曲面零件的加工，砂带磨销时的接触轮、压磨板均可按照零件的外形随意改变，使砂带在磨削中能够很好地与曲面吻合，获得显著的成形效果。

常见的机器人打磨砂带机可分为单工位砂带机和双工位砂带机两类，如图 6-5 所示。

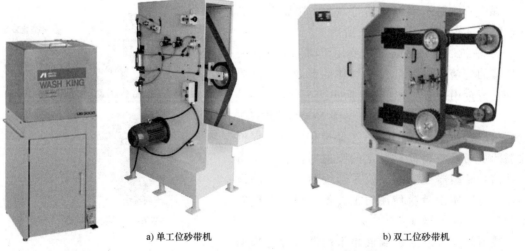

a) 单工位砂带机　　　　　　　　　b) 双工位砂带机

图 6-4　自动喷枪清理机　　　　图 6-5　机器人打磨砂带机

机器人打磨砂带机主要由砂带、电动机砂带张力调压阀、驱动轮、磁力起动器和箱体等部分组成，具体结构如图 6-6 所示。

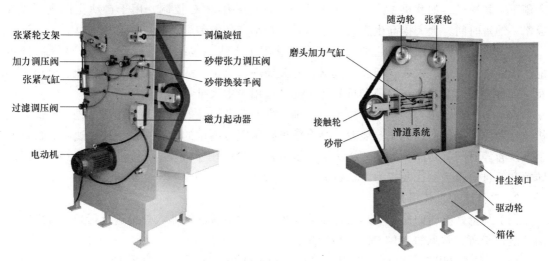

图 6-6　机器人打磨砂带机结构

（4）码垛栈板　机器人进行码垛时，大零件或易损坏划伤零件通常需要放在栈板上，便于装卸和运输。栈板又称为托盘，它可以按一定精度要求将零件输送至指定位置。在实际生产装配中，为了满足生产需求，往往带有托盘自动更换机构，以避免托盘容量的不足。

码垛栈板按外形不同可以分为双面型、单面型、平板型和间隙型 4 种，如图 6-7 所示。

1）双面型。正反面都可以使用，广泛用于堆码方式使用及货架使用。

2）单面型。只有一面可以使用，根据不同的使用方式选择不同的单面型栈板。

3）平板型。表面平整且表面为平面状，有些平板型栈板表面有少许网孔。

4）间隙型。表面平整，但表面支撑肋之间有间隙。

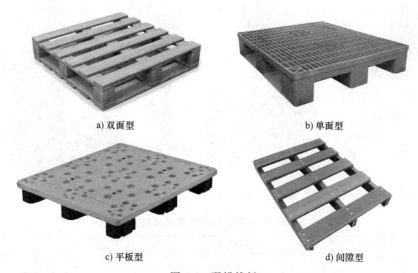

a) 双面型　　　　　　　　　　　　　　　b) 单面型

c) 平板型　　　　　　　　　　　　　　　d) 间隙型

图 6-7　码垛栈板

（5）装配螺丝机　螺丝机又称自动锁螺丝机，是一种工业自动化螺丝装配设备，如

图 6-8 所示，采用精准定位，通过输入产品坐标数据完成螺丝的装配，同时具有浮锁、漏锁等报警功能。它会自动在提起螺丝旋具的瞬间将一个螺丝通过供料管输送到批嘴下，等候指令锁下一颗螺丝，如此重复。目前，大部分螺丝机采用 PLC 控制，用于自动化作业，节省成本、缩短时间，大大提高生产效率；而对于较小产品的装配，还可以省掉夹具。

螺丝机应用范围很广，主要适用于自动装配生产线，包括工业行业、汽车及零部件装配、压缩机、家电、仪表、塑胶、玩具、开关插座、五金、通信设备、汽车电子、交通工具及零部件、阀门、门窗、门锁和玩具等，尤其适用于中大批量生产的场合。

（6）扭力机　扭力机是能对扭簧、转轴、变速器等产品的扭力和使用寿命进行测试并分析统计对应的变化曲线的试验装置，具有精确控制扭力测试的旋转角度、旋转速度、目标测定数及暂停时间等功能，如图 6-9 所示。扭力机主要应用于螺丝、旋转开关、汽车遮阳板、转轴和手机等扭力测试及扭力寿命试验。

2．工具选型及使用方法

（1）焊枪修整器的使用　焊枪修整器几乎可以对所有的机器人焊枪进行精确、有效的清洁，适用于所有常见的 MIG/MAG 焊枪品牌。

1）更换清枪用铰刀。更换铰刀时，将锁销插入电动机保护盖的孔中，并且安装到位，用 17mm 的扳手逆时针方向卸下铰刀。反顺序操作拧紧清枪铰刀。

2）清枪控制。焊枪修整器通过焊接机器人控制器的数字 I/O 接口进行控制。机器人完成清枪动作一般需要示教 8 个程序点（1~8），如图 6-10 所示，各示教点的焊枪姿态见表 6-1。

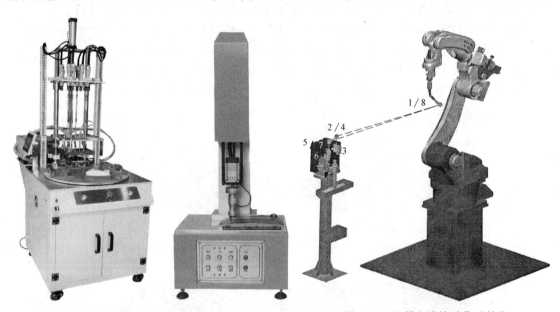

图 6-8　装配螺丝机　　　图 6-9　扭力机　　　图 6-10　机器人清枪动作示教点

表 6-1　各示教点的焊枪姿态

示教点	焊枪姿态			用途
	$U/(°)$	$V/(°)$	$W/(°)$	
程序点 1	180	45	180	机器人原点
程序点 2	0	−0	−0	清枪接近点

（续）

示教点	焊枪姿态			用途
	$U/(°)$	$V/(°)$	$W/(°)$	
程序点 3	0	-0	-0	清枪点
程序点 4	0	-0	-0	清枪规避点
程序点 5	0	-0	-0	清枪接近点
程序点 6	0	-0	-0	喷油点
程序点 7	0	-0	-0	喷油规避点
程序点 8	180	45	180	机器人原点

在编辑机器人清枪程序之前首先需要明确机器人控制器对清枪机构控制信号的连接方式。例如机器人控制器通用输出#001负责清枪站的喷化器控制，通用输出#002负责焊枪修整器控制，通用输出#003负责夹紧气缸控制。

① 清枪部分。要完成机器人焊枪喷嘴内焊渣的清理，需在程序点 P3/P003 和程序点 P4/P004 之间插入顺序指令"DELAY"和"OUT"。机器人清枪程序块见表6-2。

表6-2　机器人清枪程序块

指令	说明
MOVEL　P3/P003, 5.00m/min	运动至清枪点（程序点3）
DELAY　0.50s	延时0.5s
OUT　o1#(3:01#003) = ON	夹紧气缸夹紧
DELAY　0.20s	延时0.2s
OUT　o1#(2:01#002) = ON	清枪电动机旋转
DELAY　2.00s	延时2s
OUT　o1#(2:01#002) = OFF	电动机回归原位
DELAY　0.50s	延时0.5s
OUT　o1#(2:01#002) = ON	清枪电动机旋转
DELAY　2.00s	延时2s
OUT　o1#(2:01#002) = OFF	电动机回归原位
DELAY　0.50s	延时0.5s
OUT　o1#(3:01#003) = OFF	夹紧气缸松开
DELAY　0.50s	延时0.5s
MOVEL　P4/P004, 5.00m/min	运动至清枪规避点（程序点4）

② 喷油部分。同清枪控制类似，要完成向机器人焊枪喷嘴内喷射防溅液，需在程序点 P6/P006 和程序点 P7/P007 之间插入作业次序指令"PULSE"和"DELAY"。机器人喷油程序块见表6-3。

表 6-3　机器人喷油程序块

指令	说明
MOVEL　P6/P006, 5.00m/min	运动至喷油点（程序点 6）
PULSE　o1#（1:01#001）T = 1.00s	喷射防飞溅硅油
DELAY　2.00s	延时 2s
MOVEL　P7/P007, 5.00m/min	运动至喷油规避点（程序点 7）

（2）喷枪清理装置　喷枪清理装置在对喷枪清理时一般经过空气自动冲洗、自动清洗、自动溶剂冲洗和自动通风排气 4 个步骤，其编程实现与焊枪修整器喷油阶段类似，需要 5~7 个程序点。机器人清理喷枪动作程序说明见表 6-4。

表 6-4　机器人清理喷枪动作程序说明

程序点	说明	程序点	说明	程序点	说明
程序点 1	移向清枪位置	程序点 3	清枪点	程序点 5	移出清枪位置
程序点 2	清枪接近点	程序点 4	喷枪抬起	—	—

（3）打磨砂带机　以图 6-6 所示的机器人打磨砂带机为例，其使用方法如下：

1）砂带的安装及气压调整。砂带机使用之前需要先确认砂带的规格适用且无损伤，将砂带套装在驱动轮、张紧轮及从动轮之上，打开砂带换装手阀，张紧气缸推动张紧轮将砂带张紧。

根据砂带的宽窄及底基材质不同，可能需要设置不同的供气压力以保证既能将砂带张紧，又不会因张力太大而引起砂带断裂。本例中的砂带张紧气压为 0.1~0.15MPa，需要根据实际工作情况调整掌握。

在不工作时，请将气缸回缩，松开砂带，静止状态下长时间受力容易使砂带寿命降低，同时影响传动轮的平衡性。

2）磨头加力气缸的气压调整。一般情况下磨头加力气缸调压阀可以调至 0 位，只靠磨头辅助弹簧的作用起到缓冲及恒力作用，当进行大余量切削需要增加磨头的钢性以提高磨削效率时，可增加加力气缸气压，将加力气缸在 0~0.6MPa 范围内调整并用手推动磨头来感知回弹力道的变化以确定合适的加力气压。

3）砂带位置手动确认。砂带安装及气压调定完成后，手动拨动砂带观测砂带是否会脱落或偏离比较严重，如果在拨动下砂带脱落或偏离传动轮比较严重，请依后面故障检修部分排查处理。

4）开始工作。确认砂带张力适合，手动拨动下基本无偏离后打开电源开关，起动机器后观测砂带是否有微量偏移，如果有请在运转状态下通过外侧的调偏旋钮将砂带微调修正至接触轮正中后即可开始工作。

5）结束工作。当工作完毕后，关停电动机等砂带停止转动后缩回气缸并切断输入主电源即可。如果需要在较短时间内再次开始工作，并不一定要缩回气缸及切断主电源。但是，必须确认在这段时间内没有其他操作人员未经授权而误开机器。

6）再次开始工作。如果上次工作后没有更换新的砂带，通常情况下可以直接起动设备，以方便快速进行工作。如果在上次工作后更换了新的砂带或接触轮，则需要重新调整确认砂带后才能正常工作。

7）粉尘清理。砂带机使用过后，应立即切断输入电源，根据实际工作情况定期检查并及时清理机器内尘屑。

第二节　配套设备安装

培训目标

1. 能够安装和调整末端执行器
2. 能够安装电气系统
3. 能够安装液压和气动系统元件
4. 能够安装变位机和变位机夹具
5. 能够安装焊接电源及附属设备
6. 能够安装喷涂设备
7. 能够安装打磨设备
8. 能够安装码垛设备

工业机器人系统要完成某项作业任务，除了操作机、控制系统和示教器之外，还需要相应的配套设备。

一、末端执行器安装和调整

实际项目要求不同，相应的机器人末端执行器也不一样。末端执行器是安装在机器人手腕上（一般装在连接法兰上）用来完成规定操作或作业的附加装置。机器人末端执行器的种类有很多，用以适应不同场合。

1. 常见末端执行器的分类

按照使用用途，机器人末端执行器主要分为搬运型和加工型两大类。

（1）搬运型末端执行器　搬运型末端执行器是指各种夹持装置，通过抓取或吸附来搬运物体。工业机器人常用的搬运型末端执行器有吸附式和夹持式两种。

1）吸附式末端执行器。吸附式末端执行器是靠吸附力取料，根据吸附方式的不同分气吸附和磁吸附两种。

① 气吸附。气吸附主要是利用吸盘内压力和大气压之间的压力差进行工作的，根据压力差的形成方式分为真空吸盘吸附、气流负压吸附和挤压排气吸附。而工业机器人常用的气吸附为真空吸盘吸附和气流负压吸附。

真空吸盘吸力理论上取决于吸盘与工件表面的接触面积和吸盘内、外压差，但实际上其与工件表面状态有十分密切的关系，工件表面状态影响负压的泄漏程度。采用真空泵能保证吸盘内持续产生负压，所以这种吸盘比其他形式吸盘的吸力大。

真空吸盘吸附的基本结构如图 6-11 所示，主要零件为橡胶吸盘，通过固定环安装在支撑杆上，支撑杆由螺母固定在基板上。工作时，橡胶吸盘与物体表面接触，吸盘边缘起密封和缓冲作用，真空发生装置将吸盘与工件之间的空气吸走使其达到真空状态，此时吸盘内的大气压小于吸盘外大气压，工件在外部压力的作用下被抓取。放料时，管路接通大气，失去真空，物体放下。为了避免在取料时产生撞击，有的还在支撑杆上配有弹簧缓冲；为了更好地适应物体吸附面的倾斜状况，有的橡胶吸盘背面设计有球铰链。

气流负压吸附的基本结构如图 6-12 所示，压缩空气进入喷嘴后，利用伯努利效应使橡胶吸盘内产生负压。取料时压缩空气高速流经喷嘴，其出口处的气压低于吸盘内的气压，于是吸盘内的气体被高速气流带走而形成负压，完成取料动作。放料时切断压缩空气即可。对于气流负压吸附需要的压缩空气，工厂一般都有空气压缩站或空气压缩机，比较容易获得气源，不需要专为机器人配置真空泵。

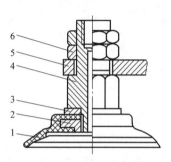

图 6-11　真空吸盘吸附的基本结构
1—橡胶吸盘　2—固定环　3—垫片
4—支撑杆　5—基板　6—螺母

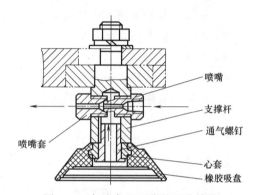

图 6-12　气流负压吸附的基本结构

吸盘类型繁多，一般分为普通型和特殊型两种，普通型包括平型、平型带肋、深型、风琴型和椭圆形等，如图 6-13 所示；特殊型吸盘是为了满足在特殊应用场合而设计使用的，通常可分为专用型吸盘和异形吸盘，特殊型吸盘结构形状因吸附对象的不同而不同。

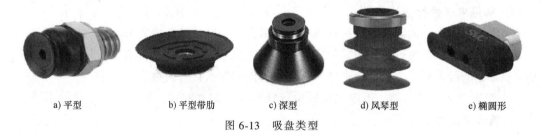

a) 平型　　　　　b) 平型带肋　　　　c) 深型　　　　d) 风琴型　　　　e) 椭圆形
图 6-13　吸盘类型

吸盘的结构对吸附能力的大小有很大影响，材料也对吸附能力影响较大。目前，吸盘常用的材料多为丁腈橡胶（NBR）、硅橡胶、聚氨酯橡胶和氟橡胶（FKM），除此之外还有导电性丁腈橡胶和导电性硅橡胶材质。

不同结构和材料的吸盘以及多吸盘组合，如图 6-14 所示，被广泛应用于汽车覆盖件、玻璃板件、金属板材的切割及上下料等场合，适合抓取表面相对光滑、平整、坚硬的微小材料，或搬运体积大、重量轻的零件。气吸附式末端执行器具有结构简单、重量轻、使用方便可靠等优点，另外对工件表面无损伤，且对被吸持工件预定的位置精度要求不高。

② 磁吸附。磁吸附是利用磁力来吸附材料工件的，按磁力来源可分为永磁吸附、电磁

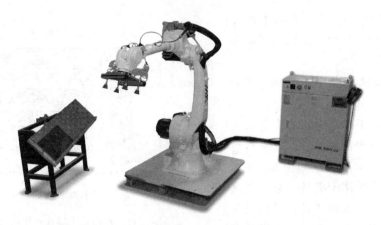

图 6-14　EDUBOT-机器人冷压实训站中多吸盘组合

吸附和电永磁吸附等。本章仅介绍电磁吸附。

电磁吸附的结构和工作原理如图 6-15 所示。在线圈通电瞬间，由于空气间隙的存在，磁阻很大，线圈的电感和起动电流很大，这时产生磁性吸力将工件吸住，一旦断电，磁吸力消失，工件松开。

磁吸盘的分类方式很多，依据形状可分为矩形磁吸盘和圆形磁吸盘，如图 6-16 所示；按吸力大小分普通磁吸盘和强力磁吸盘。

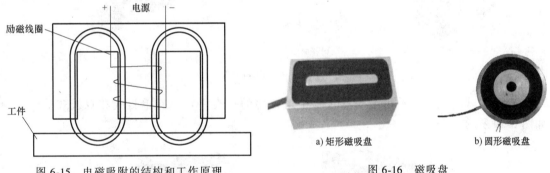

图 6-15　电磁吸附的结构和工作原理　　　　　图 6-16　磁吸盘

磁吸附比气吸附有较大的单位面积吸力，对工件表面粗糙度及通孔、沟槽等无特殊要求。磁吸附的不足之处是被吸工件存在剩磁，吸附头上常吸附磁性屑（如铁屑等），影响正常工作。因此对那些不允许有剩磁的零件要禁止使用。对钢、铁等材料制品，温度超过 723℃ 就会失去磁性，故在高温下无法使用磁吸附，常适合要求抓取精度不高且在常温下工作的工件。

2）夹持式末端执行器。夹持式末端执行器常见形式有夹钳式、夹板式、抓取式。

① 夹钳式。夹钳式是工业机器人最常用的一种搬运型末端执行器。夹钳式通常采用手爪拾取工件，手爪与人手指相似，通过手爪的开启闭合实现对工件的夹取，多用于负载重、高温、表面质量不高等吸附式无法进行工作的场合。

夹钳式末端执行器的基本结构有手爪、驱动机构、传动机构、连接元件和支承元件，如图 6-17 所示。

手爪是与工件直接接触的部件，其形状将直接影响抓取工件的效果，多数情况下只需两个手爪配合就可以完成一般的工件夹取，而对于复杂工件可以选择三爪或多爪进行抓取。

常见手爪前端形状分 V 形爪、平面形爪、尖形爪，如图 6-18 所示。

V 形爪常用于抓取圆柱形工件或者工件含有圆柱形表面的工件，其夹持稳固可靠，误差相对较小，如图 6-18a 所示；平面形爪多数用于夹持方形工件或者至少有两个平行面的工件，厚板或短小棒料等，如图 6-18b 所示；尖形爪常用于夹持复杂场合小型工件，避免与周围障碍物相碰撞，也可夹持炽热工件，避免搬运机器人本体受到热损伤，如图 6-18c 所示。

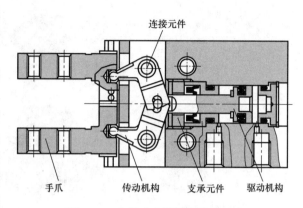

图 6-17　夹钳式末端执行器的组成

a) V形爪　　　　　　　　b) 平面形爪　　　　　　　　c) 尖形爪

图 6-18　手爪前端分类

② 夹板式。夹板式手爪是码垛过程中最常用的一类手爪，有单板式和双板式等形式，如图 6-19 所示。

a) 单板式　　　　　　　　　　　　b) 双板式

图 6-19　夹板式手爪

夹板式手爪主要用于整箱或规则盒码垛，其夹持力度比吸附式手爪大，且两侧板光滑不会损伤码垛产品外观。单板式与双板式的侧板一般都会有可旋转爪钩，需要单独机构控制，工作状态下爪钩与侧板成 90°角，起到撑托物件防止在高速运动中物料脱落的作用。

③ 抓取式。抓取式手爪可灵活适应不同的形状和内含物（如水泥、化肥、塑料和大米等）物料袋的码垛，如图 6-20 所示。

　　而组合式末端执行器是通过将吸附式和夹持式组合以获得各单组手爪优势的一种手爪，灵活性较大，各单组手爪之间既可单独使用又可配合使用，可同时满足多个工位的码垛，如图 6-21 所示。

图 6-20　抓取式手爪

图 6-21　组合式手爪

　　（2）加工型末端执行器　加工型末端执行器是指带有某种作业的专用工具，如焊枪、焊钳、打磨动力头和喷枪等加工工具，用来进行相关的加工作业。

　　1）焊枪。焊枪是指在弧焊过程中执行焊接操作的部件。它与送丝机连接，通过接通开关，将弧焊电源的大电流产生的热量聚集在末端来熔化焊丝，而熔化的焊丝渗透到需要焊接的部位，冷却后，被焊接的工件牢固地连接在一起。

　　焊枪一般由喷嘴、导电嘴、气体分流器、喷嘴接头和枪管（枪颈）等部分组成，焊枪的结构如图 6-22 所示。有时在机器人的焊枪把持架上配备防撞传感器，其作用是当机器人在运动时，万一焊枪碰到障碍物，能立即使机器人停止运动，避免损坏焊枪或机器人。

　　其中，导电嘴装在焊枪的出口处，能够将电流稳定地导向电弧区。导电嘴的孔径和长度因焊丝直径的不同而不同。喷嘴是焊枪的重要零件，其作用是向焊接区域输送保护气体，防止焊丝末端、电弧和熔池与空气接触。

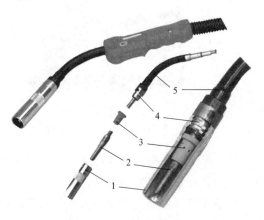

图 6-22　焊枪的结构
1—喷嘴　2—导电嘴　3—气体分流器
4—喷嘴接头　5—枪管（枪颈）

　　焊枪的种类很多，根据焊接工艺的不同，选择相应的焊枪。焊枪的分类主要如下：

　　① 按照焊接电流大小，有空冷式和水冷式两种，如图 6-23a 和图 6-23b 所示。

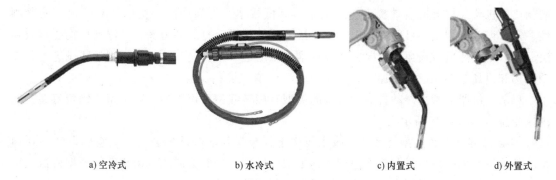

a) 空冷式　　　　　　b) 水冷式　　　　　　c) 内置式　　　　　　d) 外置式

图 6-23　焊枪的分类

② 根据机器人的结构，可分为内置式和外置式两种，如图 6-23c 和图 6-23d 所示。

其中，焊接电流在 500A 以下的焊枪一般采用空冷式，而超过 500A 的焊枪一般采用水冷式；内置式焊枪的安装要求机器人末端的连接法兰必须是中空的，而通用型机器人通常选择外置式焊枪。

2）焊钳。焊钳是指将定位焊用的电极、焊枪架和加压装置等紧凑汇总的焊接装置。点焊机器人的焊钳种类较多，目前主要分类如下：

① 从用途上可分为 X 型焊钳和 C 型焊钳两种，如图 6-24a 和图 6-24b 所示。

② 按电极臂的加压的驱动方式，气动焊钳和伺服焊钳两种，如图 6-24c 和图 6-24d 所示。

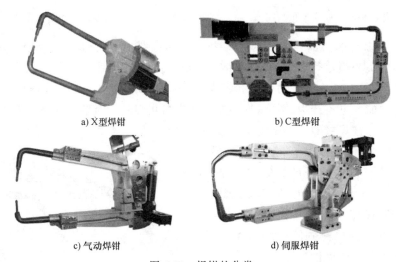

a）X型焊钳   b）C型焊钳

c）气动焊钳   d）伺服焊钳

图 6-24　焊钳的分类

X 型焊钳主要用于定位焊水平及近于水平倾斜位置的焊点；C 型焊钳主要用于定位焊垂直及近于垂直倾斜位置的焊点。

气动焊钳是目前点焊机器人采用较广泛的类型，主要利用气缸压缩空气驱动加压气缸活塞，通常具有 2~3 个行程，能够使电极完成大开、小开、闭合 3 个动作，电极压力经调定后不能随意变化；伺服焊钳采用伺服电动机驱动完成电极张开和闭合动作，经脉冲编码器反馈，其张开度可随实际需要任意设定并预置，且电极间的压紧力可实现无级调节。

3）打磨动力头。打磨动力头是一种用于机器人末端进行自动化打磨的装置。与手持打磨相比，机器人打磨能有效提高生产效率，降低成本，提高产品合格率。考虑到机械臂刚性、定位误差等因素，目前实际应用中广泛采用的是浮动打磨动力头，其浮动机构能有效解决断刀或对工件造成损坏等情况，在处理难加工的边、角、交叉孔、不规则形状飞边时，浮动机构和刀具能够完成跟随加工。

目前，机器人常用浮动打磨动力头的类型有旋转锉型、锉刀型、刷子型、倒角刀型、磨削抛光型，如图 6-25 所示。

① 旋转锉型。该类型打磨动力头主要用于轻金属与非金属的去飞边，它能保证在任何角度都能有着统一的质量和打磨速度。其主轴可以进行任意方向的自由移动。根据机器人程序可以对工件边缘设置压力，且能进行弧形或固定角度的移动。

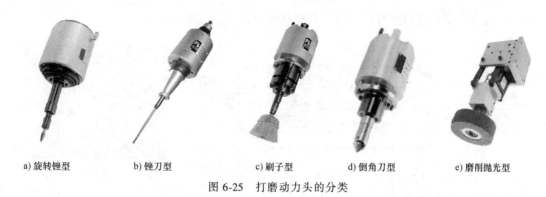

a) 旋转锉型　　b) 锉刀型　　c) 刷子型　　d) 倒角刀型　　e) 磨削抛光型

图 6-25　打磨动力头的分类

② 锉刀型。该类型打磨动力头适用于狭窄的槽和凹槽类的工件去飞边，可用于金属或非金属工件，尤其适用于压铝铸件的去飞边。其主轴同样可以在任意方向自由移动，且在工件边缘可以保持压力恒定和进行弧度或固定角度的移动。

③ 刷子型。该类型打磨动力头用于机加工后去除工件飞边，尤其是飞边比较多的边缘区域以及需要表面处理的地方。去飞边时所需施加的压力通过机器人程序来控制，而刷子摩擦力通过传感器和补偿程序控制。

④ 倒角刀型。该类型打磨动力头可以对孔的端面进行平面、柱面、锥面及其他形面打磨加工，用于在已加工出的孔上加工圆柱形沉头孔、锥形沉头孔和端面凸台等场合。其主轴可以轴向移动，必要的前馈力可由程序控制设定。

⑤ 磨削抛光型。该类型打磨动力头可用于几乎所有材料的表面抛光，必要时，其主轴也可以轴向移动，压力可由程序控制来监控。

4）喷枪。根据所采用喷涂工艺的不同，喷涂机器人的喷枪及配套的喷涂系统也存在差异。虽然传统喷涂工艺中的空气喷涂和高压无气喷涂仍在使用，但随着技术的进步和发展，静电喷涂逐渐被广泛应用于各工业领域。尤其是高速旋杯式静电喷枪已成为机器人应用最广的工业喷涂装备。喷涂机器人常用喷枪如图 6-26 所示。

a) 自动空气喷枪　　　　　b) 自动高压无气喷枪　　　　c) 高速旋杯式静电喷枪

图 6-26　喷涂机器人常用喷枪

高速旋杯式静电喷枪的基本结构包括旋杯、涂料入口、气马达、高压电缆、绝缘罩壳、绝缘支架、悬臂和支座，如图 6-27 所示。旋杯外形及结构如图 6-28 所示。

2. 末端执行器安装与调整的原则

机器人的品牌、机型、负载不同，其手腕末端连接法兰盘的尺寸也不相同，如图 6-29

所示。应充分考虑螺孔以及插脚孔深度后选择螺栓以及定位插脚长度。

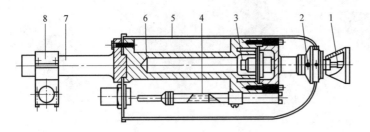

图 6-27　静电喷枪的基本结构

1—旋杯　2—涂料入口　3—气马达　4—高压电缆
5—绝缘罩壳　6—绝缘支架　7—悬臂　8—支座

图 6-28　旋杯外形及结构

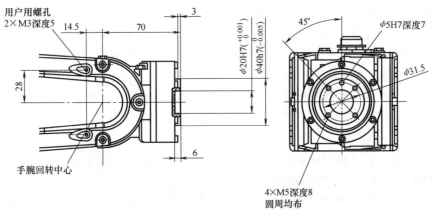

a) 某六轴多关节机器人

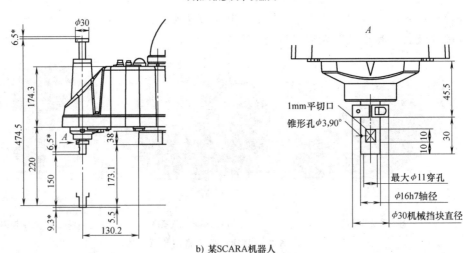

b) 某SCARA机器人

图 6-29　机器人手腕末端连接法兰盘的尺寸

　　在安装前要先确认机器人是否具有足够的负载能力，避免超负荷工作，防止机器人损坏或发生危险。还需要根据法兰盘的尺寸设计出法兰盘转接装置，如图 6-30 所示，通过转接装置将法兰盘与末端执行器连接。

在安装时，通常需要适当手动操作机器人，将其法兰盘抬起，如图 6-31 所示，以便于安装。

另外，末端执行器固定用螺栓需以适当的力矩拧紧。

图 6-30　机器人法兰盘转接装置

图 6-31　机器人法兰盘抬起

二、机器人电气系统安装

机器人电气系统的安装包括内部元件的安装接线，控制器线路的连接，电源的连接等。安装时，既要保证机器人系统能够满足设计和控制要求，又方便检查维护和整齐美观。

1. 电气施工条件知识

进行机器人电气系统装配，首先需要满足相关的施工条件。电气施工条件知识主要包括安全文明生产和环境保护知识，电气装调基础知识，施工准备。

（1）安全文明生产和环境保护知识

1）安全用电知识。电气工程现场施工时会涉及安全用电，因此必须熟练掌握安全用电知识并严格按照要求用电。

2）安全操作与劳动保护知识。在操作机器人之前必须严格遵守相关的安全操作规程，避免操作人员受到伤害和机器人设备等受到损坏，保护自身安全。

3）现场文明施工要求。要求施工时保持施工场地整洁、卫生，施工组织科学，施工程序合理。实现文明施工，不仅要着重做好现场的场容管理工作，而且还要相应做好现场材料、设备、安全、技术、保卫、消防和生活卫生等方面的管理工作。

4）环境保护知识。在进行电气施工时，做到节约用电、节约耗材，采取控制和处理施工现场的各种粉尘、废弃物以及噪声、振动对环境的污染和危害的措施。

（2）电气装调基础知识

1）电气识图知识。要能够识别机器人系统的电气原理图、电气布置图和电气接线图。

2）电工操作基础知识。熟悉电气设备安装的基础知识，掌握常用电气工具和电器元件的操作、安装方法。

3）工业机器人电气结构基础知识。掌握机器人电气系统的基本结构，了解其相关功能。

4）工业机器人电气装配工艺基础知识。熟悉电器元件排列、标记、布线、接地保护、接线端子、接线和焊线等相关电气装配工艺和操作规范，保证其功能完备且合理美观。

5）机器人控制电气原理。熟悉机器人控制系统的组成，掌握其工作原理。

（3）施工准备　实际施工前，需要准备工具、防护用品、耗材和电器元件等物品。

1）防护用品准备。为了安全施工，必须穿戴工作服、安全帽等防护用品。

2）电器元件准备。能够根据安装要求确认所安装电器元件的名称、型号规格和数量等与图样上的要求是否一致。

3）耗材准备。根据系统功能和电器元件安装要求，确认所用耗材的名称、型号规格和数量等是否与物品清单一致。常用耗材有电源线、接线端子、线号管、热缩管和扎带等。

4）工具准备。应根据所安装的电器元件选用合适的工具。常用工具有十字槽螺钉旋具、一字槽螺钉旋具、剥线钳、斜口钳、压线钳、线号打标机、电烙铁、万用表、丝锥、钻头、手电钻、扳手和剪刀等。

2. 机器人电气控制系统构成及安装

（1）机器人电气控制系统构成　一般多关节工业机器人电气控制系统的构成如图6-32所示。其中核心部件是控制器，它将上位计算机、运动控制器和驱动器等集成在同一个箱体中。

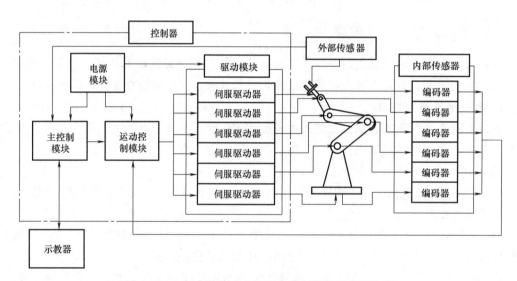

图6-32　一般多关节工业机器人电气控制系统的构成

按功能作用的不同，控制器主要分为主控制模块、运动控制模块、驱动模块、通信模块、电源模块和辅助单元6个部分。以ABB IRC5标准型控制器为例，如图6-33所示，说明其组成部分及功能。

1）主控制模块。主控制模块包括微处理器及其外围电路、存储器、控制电路、I/O接口、以太网接口等，如图6-34所示。它用于整体系统的控制、示教器的显示、操作键管理、插补运算等，进行相关数据处理与交换，实现对机器人各个关节的运动以及机器人与外界环境的信息交换，是整个机器人系统的纽带，协调着整个系统的运作。

2）运动控制模块。运动控制模块又称为轴控制模块，如图6-35所示，主要负责主控制模块的数据和伺服反馈的数据处理，将处理后的数据传送给驱动模块，控制机器人关节动作。运动控制模块是驱动模块的大脑。

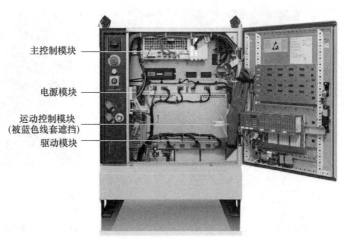

主控制模块

电源模块

运动控制模块
（被蓝色线套遮挡）
驱动模块

图 6-33　ABB IRC5 标准型控制器

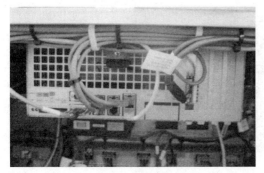

图 6-34　主控制模块

图 6-35　运动控制模块

3）驱动模块。驱动模块主要指伺服驱动板，如图 6-36 所示，控制 6 个关节伺服电动机，接收来自运动控制模块的控制指令，以驱动伺服电动机，从而实现机器人各关节动作。

4）通信模块。通信模块的主要部分是 I/O 单元，如图 6-37 所示。它的作用是完成模块之间的信息交流或控制指令，如主控制模块与运动控制模块，运动控制模块与驱动模块，主控制模块与示教器，驱动模块与伺服电动机之间的数据传输与交换等。

图 6-36　驱动模块

图 6-37　I/O 单元

5）电源模块。电源模块主要包括系统供电单元和电源分配单元两部分，如图 6-38 所示，其主要作用是将 220V 交流电压转化成系统所需要的合适电压，并分配给各个模块。

119

a) 系统供电单元   b) 电源分配单元

图 6-38   电源模块

6）辅助单元。辅助单元是指除了以上 5 个模块之外的辅助装置，包括散热的风扇和热交换器，起安全保护的安全面板，存储电能的超大电容器，操作控制面板等，如图 6-39 所示。

a) 安全面板   b) 电容

图 6-39   辅助单元

各家工业机器人厂商的控制器基本组成是相似的，但有的将其中的两个或者多个模块集成在一起，比如 YASKAWA 的 DX200 控制器将运动控制模块和驱动模块集成在基本轴控制基板上，如图 6-40 所示；FANUC 的 R-30iB Mate 控制器将主控制模块和运动控制模块集成在主板上，如图 6-41 所示。

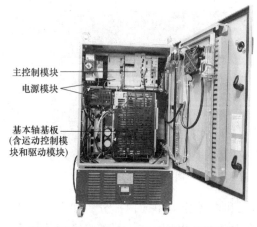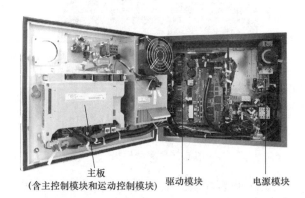

图 6-40   YASKAWA DX200 控制器的组成   图 6-41   FANUC R-30iB Mate 控制器的组成

（2）机器人电气控制系统安装 对于机器人工作站而言，机器人的控制器和周边自动化设备的电气系统等通常是集成在电气控制柜中，方便进行系统的控制和调试，如图 6-42 所示。机器人电气控制系统的安装流程如下：

1）电气控制柜检查。在机器人电气控制系统装配之前，首先要对控制柜进行外形尺寸、面板开孔、柜体或面板标识的检查，确认无误后方可进行装配工作。

2）装配准备工作。

① 首先备齐电气控制柜上需使用的电气安装底板、电器元件及所需的安装辅助器材（导轨、导线、行线槽、接地装置和安装螺栓等）。

② 准备好相关工具，并将所有工具摆放在指定区域内，且保持整齐。

3）电器元件装配。

① 根据电气原理图中的底板布置图量好线槽与导轨的长度，用相应工具截断，保证线槽、导轨断缝应平直。

② 两根线槽如果搭在一起，其中一根线槽的一端应切成 45° 斜角。

③ 用手电钻在线槽、导轨的两端打固定孔。

④ 将线槽、导轨按照电气底板布置图放置在电气底板上，用黑色记号笔将定位孔的位置画在电气底板上。

⑤ 先在电气底板上用样冲敲样冲眼，然后用手电钻在样冲眼上打孔。

⑥ 用螺钉、螺母将线槽、导轨固定在电气底板上。

⑦ 低压电器元件（微型空开、继电器、接触器、信号线端子和动力电源端子等）应按照电气原理图中的底板布置图安装在电气安装板的导轨上。

⑧ 驱动器、开关电源等不需要导轨安装的电器元件都要进行打孔、攻螺纹，再直接安装于电气安装底板上。

⑨ 将电气安装底板安装在控制柜中，如图 6-43 所示。电器元件的安装方式应符合该元件产品说明书的安装规定，以保证电器元件的正常工作条件，在控制柜内的布局应遵从整体的美观性，并考虑控制元件之间的电磁干扰和发热性干扰，元件的布置应讲究横平竖直原则，整齐排列。

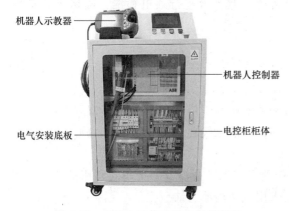

图 6-42 机器人工作站的电气控制柜

机器人示教器
机器人控制器
电气安装底板
电控柜柜体

图 6-43 控制柜中的电气安装底板

⑩ 所有元件的安装方式应便于操作、检修、更换。

⑪ 所有元件的安装应紧固，保证不致因运输振动使元件受损，对某些有防振要求的元件应采取相应的防振方式处理。

⑫ 元件安装位置附近均需贴有与接线图对应的表示该元件种类代号的标签，标签采用线号机打印。

⑬ 控制柜底侧安装接地装置，并粘贴明显的接地标识牌。

一般情况下机器人控制器出厂时都是装配完成的成品，在使用时，只需将控制器搬运至电控柜的合适位置即可。

4）配线。一般采用以下两种方法进行机器人电气控制系统配线：

① 方法一：放线→布线→扎线束→接线。

② 方法二：固定行线槽→放线→布线→接线。

不论哪种方法都要按照图样要求进行接线，接线要层次分明、整齐美观，同一个组合里相同元件走线的方式应该一致，并且连接的线要牢固。

开关、控制板的进出线一般需要压针或者插片，可以按照电流的大小和进出线的数量选择其规格。控制柜中接好线的元件如图 6-43 所示。连接线时要求线号明确，无裸露线，连接牢固，不能虚接，否则会引起设备故障。

5）控制柜测试。控制柜连接完成后，需要进行装配自检。自检要求如下：

① 认真对照电气原理图的接线图，同时按照相关要求对设备进行自检，对不符合之处进行修改。确认无误后将柜体内部清洁打扫干净。

② 使用万用表检测连接是否正确并做好记录，使用绝缘电阻表测试各电器元件之间的绝缘性能（>500MΩ），测试是否具有良好电气接地。

6）控制柜电源连接。除了机器人与控制器之间的线缆连接之外，还需要完成电气控制柜电源的连接。

① 关闭总电闸，将控制柜电源插件的线缆与车间供电线路连接。务必要在确认其他线路连接无误后再连接控制柜电源与车间供电线路，且连接时保证断路器断开。

② 解除示教器紧急停止按键的锁定。

③ 电源通电前，需检查电源参数是否正确，还需要对整个电路进行检测。首先检测接线端口是否存在松动问题，然后是通电前线路的检测，再进行通电检测，确保电路的安全性。

三、液压气动元件的安装

1. 液压气动系统施工条件知识

机器人电气系统装配完成后，还需要进行相关液压气压辅助系统装配。液压气动系统施工条件知识主要包括安全文明生产和环境保护知识，液压气动装调基础知识，施工准备。

（1）安全文明生产和环境保护知识

1）安全用气和用液压油知识。机器人工程现场施工时会涉及安全用气和用液压油，因此必须熟练掌握相关知识并严格按照规定与要求用气和用液压油。

2）环境保护知识。在进行液压气压施工时，做到节约用气和用液压油，节约耗材，采取控制和处理施工现场的各种粉尘、油液与气体泄漏以及噪声、振动对环境的污染和危害的措施。

安全操作与劳动保护知识，现场文明施工要求可以参考电气施工条件知识，不再赘述。

（2）液压气动装调基础知识

1）液压气动识图知识。要能够识别机器人系统的液压气动原理图、液压气动布置图和液压气动接线图。

2）液压气动操作基础知识。熟悉液压气动设备安装的基础知识，掌握常用液压气动工具和元件的操作安装方法。

3）工业机器人液压气动结构基础知识。掌握机器人液压气动系统的基本结构，了解其相关功能。

4）工业机器人液压气动装配工艺基础知识。熟悉液压气动元件排列、回路布置、标记、管路连接件的连接等相关装配工艺和操作规范，保证其功能且合理美观。

5）机器人控制液压气动原理。熟悉机器人液压气动控制系统的组成，掌握其工作原理。

（3）施工准备　实际施工前，需要准备工具、防护用品、耗材、液压气动元件等物品。

1）防护用品准备。为了安全施工，必须穿戴工作服、安全帽、工作手套等防护用品。

2）液压气动元件准备。能够根据安装要求确认所安装液压气动元件的名称、型号规格、数量等与图样上的要求是否一致。

3）耗材准备。根据系统功能和液压气动元件安装要求，确认所用耗材的名称、型号规格、数量等是否与物品清单一致。常用耗材有线缆、气管、油管和扎带等。

4）工具准备。应根据所安装的液压气动元件选用合适的工具。常用工具有十字槽螺钉旋具、一字槽螺钉旋具、钢丝钳、尖嘴钳、丝锥、钻头、手电钻、扳手和剪刀等。

2. 液压气动系统的构成及工作原理

（1）液压系统的构成及工作原理　液压系统由动力元件、控制元件、执行元件、辅助元件和工作介质等五大部分构成，如图6-44所示。这五大组成部分的作用叙述如下：

1）动力元件。动力元件包括电动机和液压泵，其功能是将原动机的机械能转变成液压能，如图6-44所示的件6、9，向整个液压系统提供动力。

2）控制元件。压力、流量、方向三大类控制阀门称为控制元件，如图6-44所示的件2、3、4，其控制液压系统所需要的力（力矩）、速度（转速）、运动方向，使液压系统工作协调、平稳、可靠，是液压系统控制环节。

3）执行元件。执行元件主要是指液压缸或液压马达，是将液压能转变成机械能的能量转换元件，是液压系统的出力环节，驱动负载做直线往复运动或回转运动，如图6-44所示的件1。

4）辅助元件。指各种管接件、油箱、油路板、蓄能器和过滤器等，如图6-44所示的件5、7、8、10、11等。它们是液压系统工作介质的贮存、过滤和连通等的辅助件部分，保证系统正常工作。

5）工作介质。工作介质通常是指液压系统中传递能量的液压油，有各种牌号供选择。

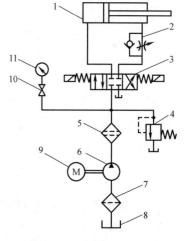

图6-44　液压系统的基本构成
1—液压缸　2—单向节流阀　3—换向阀
4—溢流阀　5—精密过滤器　6—液压泵
7—粗过滤器　8—油箱　9—电动机
10—压力表开关　11—压力表

任何液压系统都必须具有上述五个部分，才能成为完整的液压传动系统。

图 6-44 所示的液压系统基本工作原理如下：电动机驱动液压泵从油箱中吸油送至输送管路中，经过换向阀改变液压油的流动方向。如果此时换向阀处于左位，即液压油进入液压缸左侧腔，推动活塞右移，而液压缸右侧腔内液压油经单向节流阀进行稳速卸压，流回油箱；当换向阀处于右位时，即液压油经单向节流阀流入液压缸右侧腔，推动活塞左移，而液压缸左侧腔内液压油经换向阀已开通的回油管进行卸压，流回油箱。

液压泵输出的液压油压力按液压缸活塞工作能量需要由溢流阀调整控制。在溢流阀调压控制时，多余的液压油经溢流阀流回油箱。输油管路中的液压油压力在额定压力下安全流通，保持正常工作。

（2）气动系统的构成及工作原理　气动系统与液压系统类似，由气源装置、控制元件、执行元件、辅助元件和工作介质等五部分构成，如图 6-45 所示。

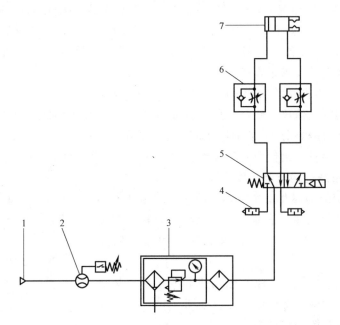

图 6-45　气压系统的基本构成

1—气源　2—流量开关　3—三联件　4—消声器　5—换向阀　6—单向节流阀　7—气爪

1）气源装置。气源装置的作用是获得压缩空气，其主体是空气压缩机，将原动机的机械能转变成气体的压力能。由空气压缩机产生的压缩空气，必须经过配套的辅助设备，如冷却器、油水分离器、储气罐、干燥器和三联件（见图 6-45 中件 3）等，进行干燥、降温、净化、减压和稳压等一系列处理后，才能供给控制元件和执行元件。

2）控制元件。控制元件是用来控制压缩空气的压力、流向和流动方向，以便使执行机构完成规定的工作，包括各类压力控制阀、流量控制阀和方向控制阀等，如图 6-45 所示的件 5 和件 6。

3）执行元件。执行元件是将压缩空气的压力能转换成机械能的装置，如气缸、气爪和气动马达，驱动负载做直线往复运动或连续回转运动，如图 6-45 所示的件 7。

4）辅助元件。辅助元件用于解决气动元件内部润滑、排气噪声、管路连接、信号连接和信号检测等问题，如图 6-45 所示的件 4。

5）工作介质。气压系统中的工作介质是压缩空气。

完整的气压传动系统必须具有上述五个部分。

图 6-45 所示的气压系统基本工作原理如下：

气源产生的压缩空气，经处理后流入换向阀，图中换向阀位置是压缩空气经换向进入气爪的左侧腔，推动活塞右移，而右侧腔压缩空气经由单向节流阀稳速释放到空气中，从而控制手指的开合。当控制换向阀阀芯移动时，改变其工作状态，使得压缩空气经换向进入气爪的右侧腔，推动活塞左移。

3. 液压气动元器件的使用方法与调整

（1）开关闸阀　开关闸阀的启闭件（闸板）沿通路中心线的垂直方向移动，即闸板的运动方向与流体方向相垂直。闸阀只能全开和全关，在管路中主要起切断作用，不能进行调节和节流。

图 6-46 所示为手动开关闸阀的结构原理和图形符号。手动开关闸阀通过转动手轮，带动与手轮相连接阀杆转动，使阀杆上的螺纹进退，从而提升或下降阀杆末端的闸板，达到开启和关闭的作用。

按照驱动方式，开关闸阀可分为手动开关闸阀、气动开关闸阀和电动开关闸阀 3 类。

其中控制空气被送到气动开关闸阀中的操作气缸，推动活塞移动带动滑块改变阀体阀位；电动开关闸阀则通过螺旋线圈产生电磁吸力带动滑块改变阀体阀位。

气动开关闸阀所接的控制信号是电气开关信号，后经电磁阀转换为气压信号，转换后的气压必须用气管连接或是基座连接到气缸进气口，整套

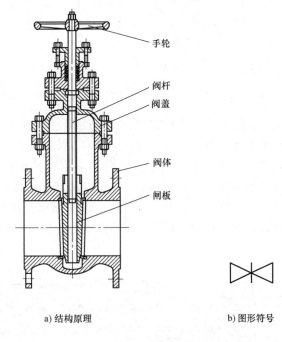

a) 结构原理　　　　b) 图形符号

图 6-46　手动开关闸阀

系统体积较大；而电动开关阀的控制信号一般为开关电压信号，可用导线连接，而且没有操作柱塞，所以电动开关闸阀的体积比气动开关闸阀体积小。

（2）调压阀　常见的调压阀有减压阀和溢流阀。

1）减压阀。减压阀的作用是降低系统中某一支路的油压，使其出口压力低于进口压力。减压阀分为两种，直动式和先导式，其中先导式减压阀应用较为广泛。

减压阀的结构和图形符号如图 6-47 所示，压力为 p_1 的液压油，从阀的进口 A 流入，经减压口 f 减压后，压力降低为 p_2，再由出口 B 流出。同时，出口液压油经主阀芯内的径向孔和轴向孔进入主阀的左腔和右腔，并以出口压力作用在先导阀锥面上。当出口压力未达到先导阀的调定值时，先导阀关闭，主阀芯左右两腔压力相同，主阀芯在弱弹簧力作用下处于最

左端，出口开度 X 值为最大，压降值最小，阀处于非工作状态。当出口压力升高并超过先导阀的调定值时，先导阀被打开，主阀弹簧腔的油由泄油口 Y 流回油箱。此时主阀芯两端产生压力差，主阀芯会向右移，使出口开度 X 值减小，出油口压力降低，直至达到先导阀调定的数值为止。反之，当出口压力减小时主阀芯左移，出口开度增大，其压力回升到调定值。由于减压阀会自动调节出口开度 X 值，从而保持出口压力值不变。

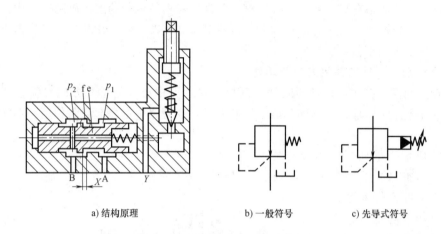

a) 结构原理   b) 一般符号   c) 先导式符号

图 6-47　减压阀的结构和图形符号

2）溢流阀。溢流阀的作用是保持液压系统压力基本恒定，同时将系统多余的油放回油箱，达到稳定系统压力的作用。常见的溢流阀有直动型和先导型两种。

直动型溢流阀的结构原理和图形符号如图 6-48 所示。阀体上有进油口 P 和出油口 T，阀芯在弹簧的作用下压在阀座上。当进油口 P 的压力小于弹簧力时，阀口关闭；当进油口 P 的压力超过调定的弹簧力时，阀芯被顶离阀座，阀口打开，油液从出油口 T 流回油箱，从而保证压力基本恒定。调节弹簧的预压力，便可调整溢流压力。

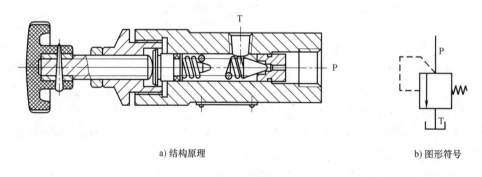

a) 结构原理   b) 图形符号

图 6-48　溢流阀

（3）流量阀

1）单向节流阀。单向节流阀是由单向阀和节流阀并联而成的组合式流量控制阀，又称为速度控制阀，如图 6-49 所示。当气流沿着一个方向，例如 P→A 方向流动时，如图 6-49a 所示，经过节流阀节流；气流反方向沿 A→P 方向流动时，单向阀打开，不节流，如图 6-49b 所示。单向节流阀常用于气缸的调速和延时回路。

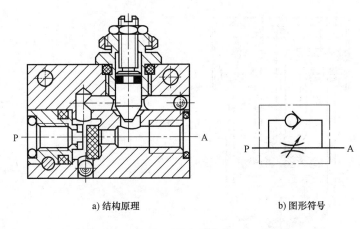

a) 结构原理   b) 图形符号

图 6-49   单向节流阀

2）排气节流阀。排气节流阀是装在执行元件的排气口处，调节进入大气中气体流量的一种控制阀。它不仅能调节执行元件的运动速度，还常带有消声器件，所以也能起降低排气噪声的作用。排气节流阀工作原理如图 6-50 所示。其工作原理和节流阀类似，靠调节节流口处的通流面积来调节排气流量，由消声套来减小排气噪声。

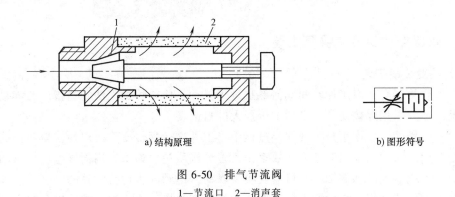

a) 结构原理   b) 图形符号

图 6-50   排气节流阀
1—节流口   2—消声套

（4）精密过滤器   过滤器是用来过滤流体中固体微粒、水滴、油雾等杂质的主要净化设备。在气动技术中，空气过滤器、减压阀和油雾器称为气动三大件。为得到多种功能往往将这三种气源处理元件按顺序组装在一起，称为气动三联件，用于气源净化过滤、减压和提供润滑。

精密过滤器又称作保安过滤器，筒体外壳一般采用不锈钢材质制造，内部采用钛滤芯、活性炭滤芯等管状滤芯作为过滤元件。可以根据不同的过滤介质及设计工艺选择不同的过滤元件，以达到实际要求。

精密过滤器的结构和图形符号如图 6-51 所示，从输入口流入的压缩空气经旋风叶片的导流后形成旋转气流，在离心力的作用下，空气中所含的液态水、油和杂质被甩到滤杯的内壁上，沿着杯壁流道底部。已去除液态水、油和杂质后的压缩空气通过进一步清除其中微小的固态粒子，随后从输出口流出。挡水板是防止积存在滤杯底部的液态水、油被再次卷入气流中。存水杯中的水分需要手动排除。

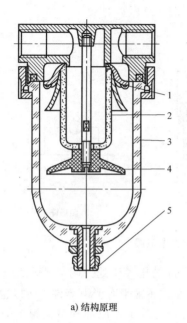

a) 结构原理   b) 图形符号

图 6-51　精密过滤器的结构和图形符号

1—旋风叶片　2—滤芯　3—存水杯　4—挡水板　5—放水阀

四、焊接变位机及其夹具安装

1. 焊接变位机安装

在某些焊接场合，因工件空间几何形状过于复杂，使得焊枪无法到达指定的焊接位置或姿态，此时需要采用焊接变位机来增加机器人的自由度。

焊接变位机的主要作用是实现焊接过程中将工件进行翻转变位，以便获得最佳的焊接位置，可缩短辅助时间，提高劳动生产效率，改善焊接质量。如果采用伺服电动机驱动变位机翻转，可作为机器人的外部轴，与机器人实现联动，达到同步运行的目的。

按照结构形式，焊接变位机可分为伸臂式焊接变位机、座式焊接变位机和双座式焊接变位机 3 种，如图 6-52 所示。

a) 伸臂式焊接变位机   b) 座式焊接变位机   c) 双座式焊接变位机

图 6-52　焊接变位机

对于机器人焊接作业而言，焊接变位机的安装也很重要，因为一旦安装不妥会直接影响到焊接作业时的使用，影响焊接质量。图 6-52a 所示的变位机，其安装过程如下：

1）采用具有相应负载能力的起吊装置吊起变位机，如图 6-53 所示，并将其放在机器人焊接工作站布局中的对应位置。

2）按照安装底座尺寸，进行固定螺栓等连接。

变位机安装之前，要确保安装底座能够承受变位机重量引起的静载荷，以及机器人运动产生的动载荷，且该安装底座设计必须能够使得机器人可以在倾斜不超过 0.5mm/m 的情况下安装。另外，根据机器人作业过程中底座产生的最大载荷，以图 6-54 所示的基坐标系为参照，分配并选择合适的用于底座安装的固定螺栓。

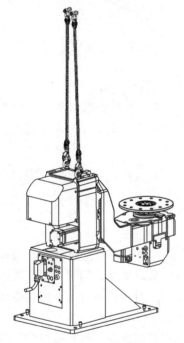

图 6-53　变位机起吊方式

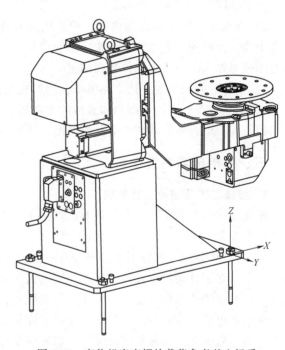

图 6-54　变位机底座螺栓载荷参考基坐标系

3）设备安装后，检查设备各部分是否符合装配要求，回转箱体及各减速机内是否加注了润滑油，并保证各部分电气接线的正常性，检查和清理设备的外围，确保无影响设备正常工作的障碍。

4）将变位机的电动机动力线和编码器电缆线与机器人控制器连接完成后，需要进行机器人试运行。起动运转时，应没有异常噪声及振动现象，否则必须排除故障。将工件吊放在变位机上夹紧后翻转和回转动作各试运行 2~4 次，观察工件是否能在指定的位置上稳定定位，回转速度是否满足工件的焊接需要，是否有卡滞及异常噪声，若有则必须调整，直到合格为止。

2. 变位机夹具安装

使用变位机辅助焊接时，通常会遇到工件固定、变位机翻转等情况，此时需要用到相关夹具，用于工件的装夹、定位。变位机夹具装置的主要作用是固定被焊工具并保证定位精度，同时对焊件提供适当的支撑。变位机夹具常见的是卡盘，如图 6-55 所示。

卡盘在使用过程中会有损坏，需要进行拆装更换，卡盘的安装是整个焊接变位机安装的重点，其拆装过程如下：

1）从焊接变位机卡盘的背面拆下固定用螺栓。

2）用木棒或铜棒从前边向后锤击三个卡爪里的圆盘，从而将其取出；拆下里边起定位和防尘等作用的小圆盘。

3）拆除后，从卡盘三个卡爪的后边对应位置卸下固定螺栓，取出拧三个卡爪的锥齿轮。

4）把带平面矩形螺纹的盘小心拿出，并从前边把三个卡爪取下，完成卡爪拆卸。

5）拆卸后，打磨或清理内部，把平面矩形螺纹清理干净，背面的齿上也常有污物，需要清理。尽量不要用锉刀等，防止相关部件受到伤害。

卡爪
卡盘

图 6-55　变位机夹具

6）清理后轻轻放入，用木棒锤击，然后装上锥齿轮轴，并用螺栓固定。

7）安装卡盘背面的小圆盘和最后的大圆盘。装配过程中需要仔细检查其接触面上是否有磕碰情况，以避免影响整个卡盘的精度，用锉刀把不平的地方修平，最后拧紧固定螺栓。

五、焊接电源系统安装

1. 焊接工作原理及工艺知识

根据焊接过程的不同特点，机器人焊接主要有定位焊和弧焊两类。

（1）定位焊

1）定位焊原理。定位焊是电阻焊的一种，即将工件搭接并压紧在焊钳电极之间，当接通电源时，在工件接触点及邻近区域产生电阻热加热熔化工件，形成熔核，同时，熔核周围的金属也被加热产生塑性变形，形成一个塑性环，以防止周围空气对熔核的侵入和熔化金属的流失。断电后，在外力加压作用下完成工件的连接，如图 6-56a 所示。

因此定位焊多用于薄板焊接领域，如汽车车身焊接、车门框架定位焊接等。定位焊只需要点位控制，对于焊钳在点与点之间的运动轨迹没有严格要求，这使得定位焊过程相对简单，对点焊机器人的精度和重复定位精度的控制要求比较低。

2）定位焊工艺过程。通常定位焊工艺有预压、焊接、锻压（维持）和休止 4 个过程，如图 6-56b 所示。每个循环均以周波计算时间。

① 预压阶段。由电极开始下降到焊接电流开始接通之间的时间，这一时间是为了确保在通电之前电极压紧工件，并使工件间有适当的压力，为焊接电流顺利通过做好必要的准备。预压时采用锥形电极并选择合适的锥角效果较好。压力的大小及预压时间应根据板料性质、厚度、表面状态等条件进行选择。

② 焊接阶段。焊接电流通过工件并产生熔核的时间，焊接阶段是整个焊接循环中最关键的阶段。

通电加热时，在两焊件接触面的中心处形成椭圆形熔核，与此同时，其周围金属达到塑性温度区，在电极压力的作用下形成将液态金属核心紧紧包围的塑性环。塑性环可以防止液态金属在加热和压力的作用下向板缝中间飞溅，并避免外界空气对高温液态金属的侵袭。在加热和散热这一对矛盾的不断作用下，焊接区温度场不断向外扩展，直至熔焊核的形状和尺寸达到设计要求。

③ 锻压阶段。当建立起必要的温度场，得到符合要求的熔化核心后，焊接电流切断，电极继续加压，熔核开始冷却结晶，形成具有足够强度的定位焊焊点，这一阶段称为锻压阶段或冷却结晶阶段。这段时间又称为维持时间。

④ 休止阶段。从电极开始抬起到电极再次开始下降，准备下一个焊点，这段时间称为休止时间。通电焊接必须在电极压力达到工艺要求的95%后进行，否则可能因为压力过低而产生飞溅，或因压力不均匀影响加热，造成焊点质量波动。电极抬起必须在电流全部切断之后，否则，电极与工件间将产生火花、拉弧甚至烧穿工件。

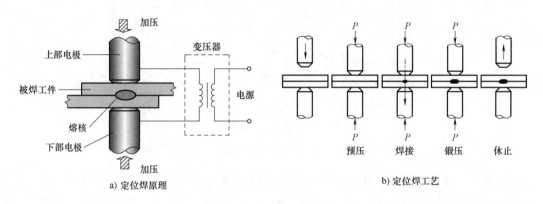

图 6-56　定位焊原理及工艺

（2）弧焊　目前工业生产应用中，弧焊机器人主要包括熔化极气体保护焊接作业和非熔化极气体保护焊接作业两类。本章仅介绍熔化极气体保护焊的工作原理和工艺参数。

1）弧焊原理。熔化极气体保护焊是指采用连续等速送进可熔化的焊丝与被焊工件之间的电弧作为热源，熔化焊丝和母材金属，形成熔池和焊缝，同时要利用外加保护气体作为电弧介质来保护熔滴、熔池金属及焊接区高温金属免受周围空气的有害作用，从而得到良好焊缝的焊接方法，如图 6-57所示。

利用电弧熔化焊丝和母材，形成熔池，熔化的焊丝作为填充金属进入熔池与母材融合，冷凝后即为焊缝金属。通过喷嘴向焊接区喷出保护气体，使处于高温的熔化焊丝、熔池及其附近的母材免受周围空气的有害作用。焊丝由送丝滚轮连续不断地送进焊接区。

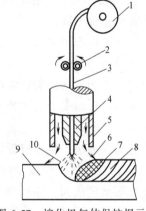

图 6-57　熔化极气体保护焊示意

1—焊丝盘　2—送丝滚轮　3—焊丝
4—导电嘴　5—喷嘴　6—保护气体
7—熔池　8—焊缝金属
9—母材（被焊接的金属材料）
10—电弧

2）弧焊工艺参数。影响熔化极气体保护焊的焊缝熔深、焊道几何形状和焊接质量的焊接参数包括焊接电流、极性、电弧电压、焊接速度、焊丝伸出长度、焊丝倾角、焊接接头位置、焊丝直径、保护气体成分和流量。

① 焊接电流。当所有其他参数保持恒定时，焊接电流与送丝速度或熔化速度以非线性关系变化。当送丝速度增加时，焊接电流也随之增大。

焊接电流与送丝速度之间的关系如图 6-58 所示，对每一种直径的焊丝，在小电流时曲线接近于线性。可是在大电流时，特别是细焊丝时，曲线变为非线性。随着焊接电流的增大，熔化速度以更高的速度增加，这种非线性关系将继续增大，这是由于焊丝伸出长度的电阻热引起的。

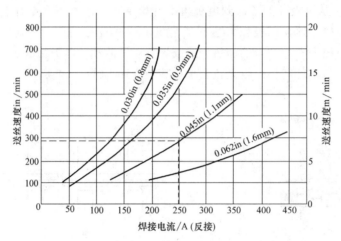

图 6-58　焊接电流与送丝速度之间的关系

② 极性。极性是用来描述焊枪与直流电源输出端子的电气连接方式。当焊枪接正极端子时表示为直流电极正（Direct Current Electrode Positive，DCEP），称为反接。相反，当焊枪接负极端子时表示为直流极负（Direct Current Electrode Negative，DCEN），称为正接。熔化极气体保护焊大多采用 DCEP。这种极性下，电弧稳定，熔滴过渡平稳，飞溅较低，焊缝成形较好且在较宽的电流范围内熔深较大。

③ 电弧电压。电弧电压和弧长是常常被相互替代的两个术语，弧长是一个独立参数，而电弧电压却不同。

对于熔化极气体保护焊，弧长的选择范围很窄，必须小心控制。电弧电压不但与弧长有关，而且还与焊丝成分、焊丝直径、保护气体和焊接技术有关。此外，电弧电压是在电源的输出端子上测量的，所以它还包含焊接电缆长度和焊丝伸出长度的电压降。当其他参数不变时，电弧电压与弧长成正比关系。在电流一定的情况下，当电弧电压增加时焊道将会变得宽而平坦，电压过高时，将会产生气孔、飞溅和咬边。当电弧电压降低时，将会使焊道变得窄而高且熔深减小，电压过低时将产生焊丝插桩现象。

④ 焊接速度。焊接速度是指电弧沿焊接接头运动的线速度。其他条件不变时，中等焊接速度时熔深最大，焊接速度降低时，则单位长度焊缝上的熔敷金属量增加。当焊接速度很慢时，焊接电弧冲击熔池而不是母材，这样会降低有效熔深，焊道也将加宽。相反，焊接速度提高时，在单位长度焊缝上由电弧传给母材的热能上升，这是因为电弧直接作用于母材。但是当焊接速度进一步提高时，单位长度焊缝上向母材过渡的热能减少，则母材的熔化是先增加后减少。而提高焊接速度就产生咬边倾向，其原因是高速焊时熔化金属不足以填充电弧所熔化的路径和熔池金属在表面张力的作用下向焊缝中心聚集的结果。当焊缝速度更高时，还会产生驼峰焊道，这是因为液体金属熔池较长而发生失稳的结果。

⑤ 焊丝伸出长度。焊丝伸出长度是指导电嘴端头到焊丝端头的距离，如图 6-59 所示。

随着焊丝伸出长度的增加，焊丝的电阻也增大。电阻热引起焊丝的温度升高，同时也少许增大焊丝的熔化率。另一方面，增大焊丝电阻，在焊丝伸出长度上将产生较大的压降。这一现象传感到电源，就会通过降低电流加以补偿。于是焊丝熔化率也立即降低，使得电弧的物理长度变短，这样一来将获得窄而高的焊道。当焊丝伸出长度过长时，将使焊丝的指向性变差，焊道成形恶化。短路过渡时合适的伸出长度是 6~13mm，其他熔滴过渡形式为 13~25mm。

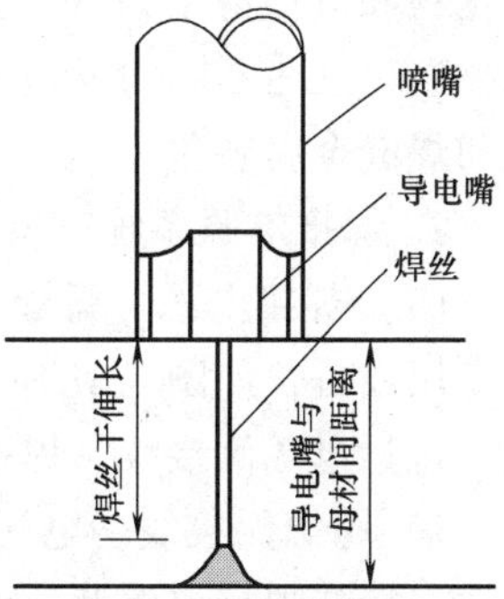

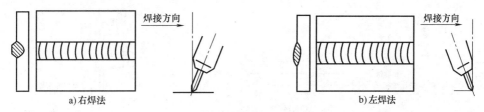

图 6-59　焊丝伸出长度

⑥ 焊枪角度。焊枪相对于焊接接头的角度影响着焊道的形状和熔深，这种影响比电弧电压或焊接速度的影响还大。

焊枪角度可从下述两个方面来描述，即焊丝周线相对于焊接方向之间的角度（行走角）和焊丝轴线与相邻工作表面之间的角度（工作角）。当焊丝指向焊接表面的相反方向时，称为右焊法；当焊丝指向焊接方向时，称为左焊法，如图 6-60 所示。

a)右焊法　　　　　　　　　　b)左焊法

图 6-60　焊枪角度

当其他焊接条件不变时，焊丝从垂直变为左焊法时，熔深减小而焊道变得较宽和较平。在平焊位置采用右焊法时，熔池被电弧力吹向后方，因此电弧能直接作用在母材上，而获得较大熔深，焊道变得窄而凸起，电弧较稳定且飞溅较小。对于各种焊接位置，焊丝的倾角大多选择在 10°~15°范围内，这时可实现对熔池良好的控制和保护。

⑦ 焊接接头位置。焊接结构的多样化，决定了焊接接头位置的多样性，如有平焊、仰焊和立焊，而立焊还含有向上立焊和向下立焊等。为了焊接不同位置的焊缝，不仅要考虑到熔化极气体保护焊的熔滴过渡特点，而且还要考虑到熔池的形成和凝固点。

对于平焊和横焊位置焊接，可以使用任意一种熔化极气体保护焊技术，如喷射过渡法和短路过渡法都可以得到良好的焊缝。而对于全位置焊却不然，虽然喷射过渡法可以将熔化的焊丝金属过渡到熔池中去，但因电流较大而形成较大的熔池，从而使熔池难以在仰焊和向上立焊位置上保持，常常引起熔池金属液流失。这时就必须考虑到小熔池容易保持的特性，所以只有采用低能量的脉冲或短路过渡的工艺才可能实现。

⑧ 焊丝尺寸。对于每一种成分和直径的焊丝都有一定的可用电流范围。熔化极气体保护焊工艺中所使用的焊丝直径范围为 0.4~5mm。通常半自动焊多用直径为 0.4~1.6mm 的较细焊丝，而自动焊常采用较粗焊丝，其直径为 1.6~5mm。细丝主要用于薄板和任意位置焊接，采用短路过渡和脉冲 MAG 焊；而粗丝多用于厚板、平焊位置，以提高焊接熔敷率和增加熔深。

⑨ 保护气体。保护气体的主要作用是防止空气的有害作用，实现对焊缝和近缝区的保护。因为大多数金属在空气中加热到高温，直到熔点以上时，很容易被氧化和氮化，而生成

氧化物和氮化物。如氧与液态铜中的碳反应生成一氧化碳和二氧化碳。这些不同的反应产物可以引起焊接缺陷，如夹渣、气孔和焊缝金属脆化。

图 6-61　RD350 弧焊电源

2. 焊接电源系统安装

（1）焊接电源　弧焊电源是用来对焊接电弧提供电能的一种专用设备，如图 6-61 所示。焊接电源的安装主要是指电缆接连，包括电源侧接线、焊接侧电线、控制电缆接线和接地。

1）电源侧接线。电源侧接线如图 6-62 所示。电源线及接地线连接在焊接电源背面的输入端子台上，线缆规格见表 6-5。

2）控制电缆接线。各种控制电缆与焊接电源背面的插口相连接，如图 6-62 所示。

① 将机器人控制柜的控制电缆与插口 CON3 相连接。

② 将送丝机构的电动机电缆与插口 CON4 相连接。

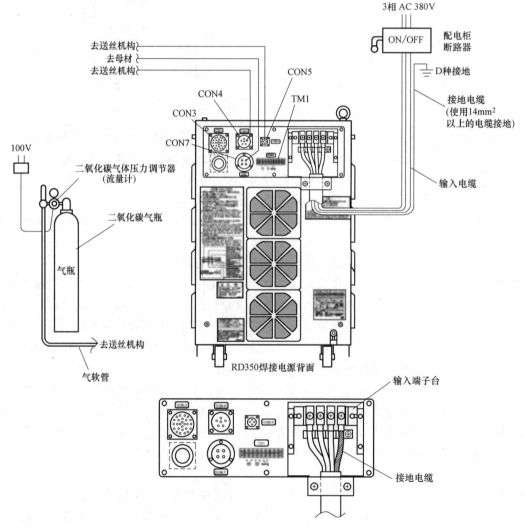

图 6-62　电源侧接线

表 6-5　焊接电源容量配备及接线规格

焊接电源系统设备	规格
配电设备容量/kV·A	20
熔管额定电流/A	45（额定电压 380V）
输入侧电缆截面积/mm^2	>14
母材侧电缆截面积/mm^2	>60
接地电缆截面积/mm^2	>14

③ 将送丝机构的编码器电缆与插口 CON5 相连接。

3）焊接侧接线。焊接侧接线如图 6-63 所示。

① 焊接电缆。焊枪与电源输出端子（+）之间的接线。

② 母材侧电缆。母材与电源输出端子（-）之间的接线。

③ 焊接电压检出线。母材与插口 CON7 之间的接线。

如果不连接焊接电压检出线，将会出现错误提示"电压检出线异常"，致使无法焊接。

4）接地。为了安全使用，在焊接电源背面下部设计了接地端子，使用 14mm^2 以上的电缆按 D 种接地（指工作电压 300V 以下的电器外壳接地，接地电阻在 100Ω 以下）施工接线。

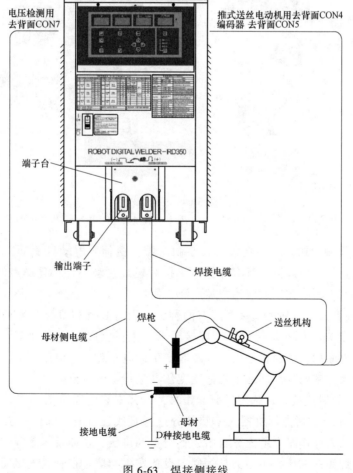

图 6-63　焊接侧接线

母材侧的接地如图 6-63 所示，对母材侧单独接地（D 种接地施工）。如果没有接地线，在母材中会产生电压，从而引起危险。

（2）送丝机　送丝机是为焊枪自动输送焊丝的装置，一般安装在机器人第 3 轴上，由送丝电动机、加压控制柄、送丝滚轮、送丝导向管和加压滚轮等部分组成，如图 6-64 所示。

一般送丝机出厂默认安装的送丝滚轮及送丝导向管用于焊接碳钢，而焊接铝合金需要更换铝合金用的送丝滚轮及送丝导向管。送丝滚轮更换及安装步骤如下：

1）松开加压控制柄。

2）用螺钉旋具拆下送丝滚轮螺钉，并取下送丝滚轮。

3）拆下中间送丝导向管，取下中间导向管。换上铝合金导向管，并用螺钉紧固，将送丝滚轮安装上。

4）拆下送丝导向管螺钉，并取下送丝导向管，换成铝合金送丝导向管。

5）用螺钉旋具松开加压滚轮螺钉，拆下加压滚轮，将铝合金加压滚轮安装上。

注意，加压滚轮螺钉与送丝滚轮螺钉不通用，不能装反。

图 6-64　送丝机

1—加压控制柄　2—送丝电动机　3—送丝导向管接头　4—送丝滚轮　5—加压滚轮

（3）焊钳　伺服焊钳是安装在机器人手腕末端，由伺服电动机驱动，受焊接控制器与机器人控制器控制的一种焊钳，具有环保、焊接时轻柔接触工件，且噪声低、焊接质量高、可控性超强等特点，因此在工业应用中被广泛采用。

1）焊钳安装型式。焊钳的安装型式有两种，分别为 B 型和 U 型，X 型焊钳的安装型式如图 6-65 所示。针对不同的焊接位置及焊接要求，选择相应的安装型式。焊钳的喉深与喉宽的乘积称为通电面积，该面积越大，焊接时产生的电感越强，电流输出越困难，这时，通常需要使用比较大功率的变压器或采用逆变变压器进行电流输出。

2）机器人与焊钳连接。在选用伺服焊钳时，U 臂安装电缆及水管与焊钳上对应部分的连接如图 6-66 所示。在对点焊机器人手腕部分进行管线连接时，确保接头位置不影响机器人的动作，在机器人动作时电缆充分自由，不会受到挤压、拉伸及摩擦等。水管的连接做到不泄漏，不影响焊钳的加压，不与夹具等周围设备发生摩擦。在管线连接完成后，对裸露的电缆及水管进行保护，确保不会受到焊接飞溅造成的伤害。

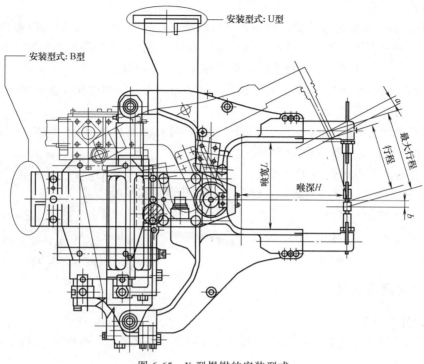

图 6-65 X 型焊钳的安装型式

注：a、b 是由于电极而造成的行程需求量，最大行程除 $a+b$ 外，还包括电极柄挠曲而造成的需求增量。

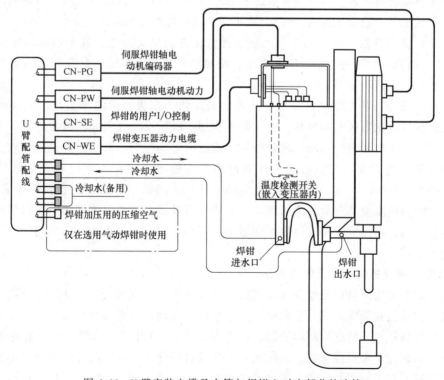

图 6-66 U 臂安装电缆及水管与焊钳上对应部分的连接

机器人运行过程中，焊钳的姿态转换会非常频繁且迅速，电缆的扭曲非常严重，为了保证所有连接的可靠性及安全性，一定要采用以下措施：

① 所有接头，尤其是焊接变压器动力电缆接头（CN-WE）一定要通过固定板与点焊钳紧固在一起，并且保证电缆有足够的活动余量，确保不会因焊钳的姿态变换时电缆的扭转造成接头的连接松动，否则会引起接头的严重损坏及重大事故发生。

② 调试人员在示教时，应反复推敲机器人的姿态，力争使焊钳在姿态变换时过渡自然，避免电缆的过分拉伸及扭转。

（4）定位焊水气单元　由于定位焊是低压大电流焊接，在焊接过程中，导体会产生大量的热量，所以焊钳、焊钳变压器需要气阀机提供水冷。定位焊水气单元包括压力开关、电缆、阀门、管子、回路、连接器和接触点等，如图 6-67 所示，提供水、气回路。通常它在机器人出厂前已经过装配、安装和测试，方便现场安装和调试。

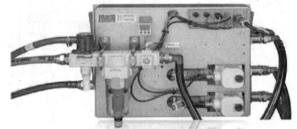

图 6-67　定位焊水气单元

六、喷涂设备安装

1. 喷涂分类及工艺

根据所采用喷涂工艺的不同，机器人喷涂可以分为空气喷涂、高压无气喷涂和静电喷涂 3 类。

（1）空气喷涂　空气喷涂是利用压缩空气的气流，流过喷枪喷嘴孔形成负压，在负压的作用下涂料从吸管吸入，经过喷嘴喷出，通过压缩空气对涂料进行吹散，以达到均匀雾化的效果。空气涂装一般用于家具、3C 产品外壳，汽车等产品的涂装。

（2）高压无气喷涂　高压无气喷涂是一种较先进的涂装方法，其采用增压泵将涂料增至 6~30MPa 的高压，通过很细的喷孔喷出，使涂料形成扇形雾状，具有较高的涂料传递效率和生产效率，表面质量明显优于空气喷涂。

（3）静电喷涂　静电喷涂一般是以接地的被涂物为阳极，接电源负高压的雾化涂料为阴极，使得涂料雾化颗粒上带电荷，通过静电作用，吸附在工件表面，通常应用于金属表面或导电性良好且结构复杂的表面，或是球面、圆柱面等的喷涂。其中，高速旋杯式静电喷枪已成为应用最广的工业涂装设备之一。高速旋杯式静电喷枪在工作时利用旋杯的高转速（一般为 30000~60000r/min）旋转运动产生离心作用，将涂料在旋杯内表面伸展成为薄膜，并通过巨大的加速度使其向旋杯边缘运动，在离心力及强电场的双重作用下涂料破碎为极细的且带电的雾滴，向极性相反的被涂工件运动，沉积于被涂工件表面，形成均匀、平整、光滑且丰满的涂膜。

2. 喷涂系统设备的构成及使用方法

喷涂系统主要由涂料单元控制盘、气源、流量调节器、齿轮泵、涂料混合器、换色阀、供料供气管路及监控管线组成。涂料单元控制盘简称气动盘，它接收机器人控制系统发出的涂装工艺的控制指令，精准控制调节器、齿轮泵、喷枪/旋杯完成流量、空气雾化和空气成型的调整；同时控制涂料混合器、换色阀等以实现自动化的颜色切换和指定的自动清洗等功能，实现高质量和高效率的涂装。著名喷涂机器人生产商 ABB、FANUC 等均有其自主生产的成熟供漆系统模块配套。图 6-68 所示为 ABB 生产的采用模块化设计，可实现闭环控制的流量调节器、齿轮泵、涂料混合器及换色阀模块。

a) 流量调节器

b) 齿轮泵

c) 涂料混合器

d) 换色阀

图 6-68　供漆系统模块

目前，在工业机器人喷涂系统中高速旋杯式静电喷枪是核心部件，其使用方法如下：

1）旋杯的轴线始终在工件喷涂工作面的法线方向。

2）旋杯端面到工件喷涂工作面的距离要保持稳定，一般在 0.2m 左右。

3）旋杯喷涂轨迹要部分重叠（一般搭接宽度为 2/3～3/4 时较为理想），并保持适当的间距。

4）喷涂机器人应能同步跟踪工件传送装置上的工件的运动。

5）在进行示教编程时，若前臂及手腕有外露的管线，应避免与工件发干涉。

七、打磨设备安装

1. 打磨分类及工艺

根据工作方式的不同，打磨可分为刚性打磨和柔性打磨。

刚性打磨通常应用在工件表面较为简单的场合，由于刚性打磨头与工件之间属于硬碰硬性质的应用，很容易因工件尺寸偏差和定位偏差造成打磨质量下降，甚至会损坏设备，如图 6-69a 所示；而在工件表面比较复杂的情况下一般采用柔性打磨，柔性打磨头中的浮动机构能有效避免刀具和工件的损坏，吸收工件及定位等各方面的误差，使工具的运行轨迹与工件表面形状一致，实现跟随加工，保证打磨质量，如图 6-69b 所示。

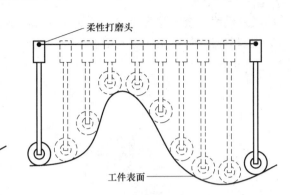

刚性打磨头

柔性打磨头

工件表面

a) 刚性打磨

工件表面

b) 柔性打磨

图 6-69　打磨方式

实际应用过程中，要根据工件及工艺要求的不同，选用适合的刚性和柔性打磨头。

机器人打磨主要有粗磨、精磨和抛光 3 道工序。

（1）粗磨　去除毛坯的大部分余量，最后所达到的效果要保持到大致的几何形状与粗糙度。

（2）精磨　精磨是发生在粗磨的基础上，又是为抛光准备的一步，它的目的是保证工件达到抛光前所需要的面形精度、尺寸精度和表面粗糙度。

（3）抛光　抛光是最后一个工序过程，其不能提高工件的尺寸精度或几何形状精度，而是以得到光滑表面或镜面光泽为目的。在整个抛光过程当中，需要尽量去除粗磨与精磨所留下的破坏层，实现工件表面最理想效果。

2. 打磨设备的使用方法

（1）砂带　新砂带在使用前应悬挂几天，消除因包装而产生的卷曲，同时也是为了让砂带适应工作环境的温度和湿度。悬挂后的砂带在使用前应做必要的外观质量检查，查看砂带接头是否平整、牢固；砂带表面有无破洞、砂团、缺砂、胶斑和起皱；砂带边缘是否整齐和有无裂口，边缘若有较小裂口，剪除后（剪成圆弧形）不影响使用。

只有合理地选择、正确地使用砂带，并能正确地解决砂带使用中出现的各种问题，发挥出砂带磨削的优越性和砂带的最佳磨削性能，才能保证加工工件的质量。

（2）打磨砂带机　打磨砂带机的使用方法见第六单元第一节内容。

八、码垛设备安装

1. 码垛工艺原理

工业应用中，常见的机器人码垛方式有重叠式、正反交错式、纵横交错式和旋转交错式 4 种，如图 6-70 所示。

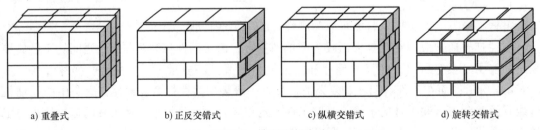

a) 重叠式　　　　　　b) 正反交错式　　　　　　c) 纵横交错式　　　　　　d) 旋转交错式

图 6-70　常见码垛方式

各码垛方式的说明及特点见表6-6。

表6-6 各码垛方式的说明及特点

码垛方式	说明	优点	缺点
重叠式	各层码放方式相同，上下对应，各层之间不交错堆码，是机械作业的主要形式之一，适用于硬质整齐的物资包装	堆码简单，堆码时间短；承载能力大；托盘可以得到充分利用	不稳定，容易塌垛；堆码形式单一，美观程度低
正反交错式	同一层中，不同列的货物以90°垂直码放，而相邻两层之间相差180°。这种方式类似于建筑上的砌砖方式，相邻层之间不重缝	不同层间咬合强度较高，稳定性高，不易塌垛；美观程度高；托盘可以得到充分利用	堆码相对复杂，堆码时间相对加长；包装体之间相互挤压，下部分容易压坏
纵横交错式	相邻两层货物的摆放旋转90°，一层成横向放置，另一层成纵向放置，纵横交错堆码	堆码简单，堆码时间相对较短；托盘可以得到充分利用	不稳定，容易塌垛；堆码形式相对单一，美观程度相对低
旋转交错式	第一层中每两个相邻的包装体互为90°，相邻两层间码放又相差180°，这样相邻两层之间互相咬合交叉	稳定性高，不易塌垛；美观程度高	中间形成空穴，降低托盘利用效率；堆码相对复杂，堆码时间相对长

2. 码垛夹具种类及使用方法

机器人码垛夹具是一种夹持物品进行移动的装置，常见的形式有吸附式、夹板式、抓取式和组合式4种。其种类可参见本单元"常见末端执行器的分类"，不再赘述。

机器人码垛夹具多种多样，其安装完成之后需要进行相关调试，以确保码垛夹具在实际使用过程中能够正常作业。以图6-19a所示FlexGripper-单板式夹具为例，机器人示教器预设了FlexGripper输入/输出信号，其图形用户界面FlexGripper UI简化了码垛程序的测试，只需轻点一下鼠标，即可完成FlexGripper拾放料测试，其具体使用方法如下：

1）在示教器上安装FlexGripper UI应用程序。在安装之前，确保计算机安装了相关离线编程软件，并将FlexGripper UI文件夹复制到计算机的mediapool文件夹中。

2）使用离线编程软件为FlexGripper UI创建机器人控制器系统。

3）下载系统到机器人控制器，并热启动控制器，则FlexGripperUI应用程序图标将显示在示教器的主菜单中。注意，对于FlexGripper UI中的选项，Singleclamp选项表示FlexGripper-单板式夹具，Twoclamp选项代表FlexGripper-双板式夹具，Vacuum选项表示FlexGripper-真空吸附式夹具，Claw选项代表FlexGripper-抓取式夹具，码垛夹具选项界面如图6-71所示。

4）进行I/O信号配置，见表6-7。

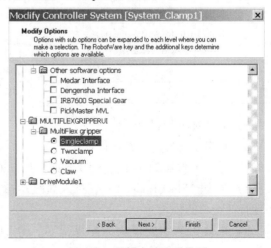

图6-71 码垛夹具选项界面

表 6-7 I/O 信号配置

I/O 信号	I/O 板	控制器	电箱		
			信号	24V	0V
DO1001（DO10_01_ClampCylinder1_Open）	DO1	XT5.1.1	1	—	26
DO1002（DO10_02_ClampCylinder1_Close）	DO2	XT5.1.2	2		26
空白		XT5.2.1	3		
空白		XT5.2.2	4		
DO1005（DO10_05_HookCylinder1_Open）	DO5	XT5.2.3	5		28
DO1006（DO10_06_HookCylinder1_Close）	DO6	XT5.2.4	6		28
空白		XT5.1.9	7		
空白		XT5.1.10	8		
DI1001（DI10_01_ClampCylinder1_Opened）	DI1	XT5.1.11	9	31	32
DI1002（DI10_02_ClampCylinder1_Closed）	DI2	XT5.1.12	10	31	32
空白		XT5.1.3	11		
空白		XT5.1.4	12		
DI1005（DI10_05_HookCylinder1_Opened）	DI5	XT5.1.5	13	33	34
DI1006（DI10_06_HookCylinder1_Closed）	DI6	XT5.1.6	14	33	34
空白		XT5.3.1	15		
空白		XT5.3.2	16		
DI1009（DI10_09_PartDetection1）	DI9	XT5.3.3	17		
DI1010（DI10_10_PartDetection2）	DI10	XT5.3.4	18	37	38
空白		XT5.3.5	19	37	38
空白		XT5.3.6	20		
空白		XT5.2.5	21		
空白		XT6.1	22		
DI1015（DI10_15_AirPressure）m，为检测压缩气源压力	DI5	XT6.2	23	25	
	24V	XT6.3			
	0V	XT6.4			

5）对系统进行程序备份。

6）重启系统并返回默认设置。

7）进入示教器 FlexGripper UI 界面，如图 6-72 所示。

8）单击"FlexGripper UI"，进入如图 6-73 所示画面。FlexGripper UI 有工具处理、调试和运行 3 个功能模块。

9）根据 3 个功能模块的操纵提示，分别进行 FlexGripper 功能测试，完成要求作业动作。

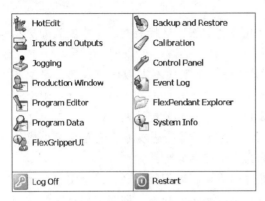

图 6-72　FlexGripper UI 界面

图 6-73　FlexGripper UI 功能模块

九、产品装配应用系统安装

1. 产品装配工艺原理

由装配机器人组成的柔性化装配单元，可实现物料自动装配，其合理的工位布局将直接影响到生产效率。在实际生产中，常见的装配机器人工作站的工位布局可分为线式布局和回转式布局两种。

（1）线式布局　线式装配机器人依附于生产线，排布于生产线的一侧或两侧，具有生产效率高、节省装配资源、减少维护人员，一人便可监视全线装配等优点，广泛应用于小物件装配场合，如图 6-74 所示。

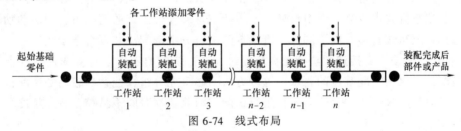

图 6-74　线式布局

（2）回转式布局　回转式装配工作站可将装配机器人聚集在一起进行配合装配，也可进行单工位装配，灵活性较大，可针对一条或两条生产线，具有较小的输送线成本，减小占地面积，广泛应用于大、中型装配作业，如图 6-75 所示。

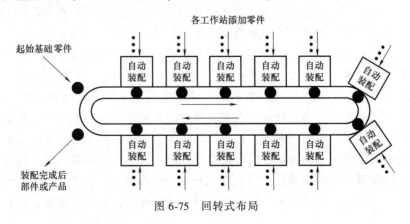

图 6-75　回转式布局

2. 常用产品装配方法

为了保证产品的装配精度，常用的装配方法有互换装配法、选择装配法、修配装配法和调整装配法 4 种。

（1）互换装配法　采用互换法装配时，被装配的每一个零件不需做任何挑选、修配和调整就能达到规定的装配精度要求，但是装配精度主要取决于零件的加工制造精度。根据零件的互换程度，互换装配法可分为完全互换装配法和不完全互换装配法两种。

1）完全互换装配法。在全部产品中，装配时各组成环不需挑选或不需改变其大小或位置，装配后即能达到装配精度要求的装配方法，称为完全互换装配法。

完全互换装配法具有装配质量稳定可靠，装配过程简单，装配效率高，易于实现自动装配，便于组织流水作业和产品维修方便等特点。但是也有一定的缺点，即当装配精度要求较高，尤其是在组成环数较多时，组成环的制造公差规定严格，零件制造困难，加工成本高。

完全互换装配法适用于成批生产、大量生产中装配那些组成环数较少或组成环数虽多但装配精度要求不高的机器结构。

2）不完全互换装配法。不完全互换装配法又称为统计装配法，其实质是将组成环的制造公差适当放大，使零件容易加工，但这会使极少数产品的装配精度超出规定要求。

不完全互换装配法扩大了组成环的制造公差，零件制造成本低；装配过程简单，生产效率高。其不足之处是装配后有极少数产品达不到规定的装配精度要求，须采取另外的返修措施。该方法适用于在大批大量生产中装配那些装配精度要求较高且组成环数又多的机器结构。

（2）选择装配法　选择装配法是将装配尺寸链中组成环的公差放大到经济可行的程度，然后选择合适的零件进行装配，以保证装配精度要求的装配方法，称为选择装配法。这种方法常用于装配精度要求较高，而组成环又不多的成批或大批生产的情况下，如滚动轴承的装配等。选择装配法按其形式的不同分为直接选配法、分组选配法和复合选配法 3 种。

1）直接选配法。直接选配法就是在装配时，从待装配的零件中直接选择精度合适的零件进行装配，以保证装配精度的要求。这种方法不必事先分组，能达到较高的装配精度，但需要有经验的装配人员挑选合适的零件进行试配，因此装配时间不易控，装配精度取决于装配人员的技术水平。

2）分组选配法。分组选配法就是将相关零件的相关尺寸公差放大若干倍，使其尺寸能按经济精度加工，然后按零件的实际加工尺寸分为若干组，按各对应组进行装配，以达到装配精度要求。由于同组零件有互换性，故也称为分组互换法。

3）复合选配法。复合选配法是直接选配法与分组选配法的综合，即先将零件测量分组，装配时再在各对应组内凭工人经验直接选配。其特点是配合件组内公差可以不等，装配精度可以达很高，且速度较快，能满足一定的节拍要求。该方法适应于大批量生产精度要求特别高、环数少的情况，如在发动机装配中，气缸与活塞的装配多采用这种方法。

（3）修配装配法　修配装配法是将装配尺寸链中各组成环按经济加工精度制造，装配时，通过改变尺寸链中某一预先确定的组成环尺寸的方法来保证装配精度的装配法。

采用修配装配法时，各组成环均按该生产条件下经济可行的准确度等级加工，装配时封闭环所积累的误差，势必会超出规定的装配精度要求；为了达到规定的装配精度，装配时须修配装配尺寸链中某一组成环的尺寸（此组成环称为修配环）。为减少修配工作量，应选择那些便于进行修配的组成环做修配环。在采用修配法装配时，要求修配环必须留有足够但又不是太大的修配量。

修配装配法的组成环均可按照加工经济精度制造，但却可获得很高的装配精度。其不足之处是增加了修配工作量，生产效率低；对装配人员的技术水平要求高。

（4）调整装配法　装配时用改变调整件在机器结构中的相对位置或选用合适的调整件来达到装配精度的装配方法，称为调整装配法。

调整装配法与修配装配法的原理基本相同。在以装配精度要求为封闭环建立的装配尺寸链中，除调整环外各组成环均以加工经济精度制造，由于扩大组成环制造公差累积造成的封闭环过大的误差，通过调节调整件（或称补偿件）相对位置的方法消除，最后达到装配精度要求。根据调整方法的不同，调整装配法可分为可动调整装配法和固定调整装配法两种。

1）可动调整装配法。通过改变调整件的位置达到装配精度的方法。这种方法在模具装配中也经常应用。

2）固定调整装配法。在装配过程中，选用合适的调整件达到装配精度的方法。

不同的装配方法，不仅装配工作效率不同，对零件的加工精度、装配技术水平等的要求也不同。因此，在选择装配方法时，应从装配的技术要求出发，根据生产类型和实际生产条件进行合理选择。

第三节　机器人基本操作

培训目标

1. 能够对程序进行编辑、修改、调用、备份
2. 能够设定机器人的运动速度和运动轨迹
3. 能够控制焊枪和变位机协调运动
4. 能够调整变位机和喷枪位置
5. 能够设定打磨路径和角度
6. 能够设定码垛样式和层数
7. 能够控制装配定位夹紧锁紧固定

一、机器人编程操作

1. 机器人编程示教方法

机器人编程是针对机器人为完成某项作业而进行的程序设计。由于国内外尚未制订统一的机器人控制代码标准，因此编程语言也是多种多样。目前，在工业生产中应用的机器人，其主要编程方式有示教编程、离线编程和自主编程3种形式。

（1）示教编程　示教编程又称为在线编程，是通过示教再现的方式获得机器人作业程序，也是工业机器人中应用广泛的一种编程方式。

操作人员通过示教器将机器人作业任务中要求的机械臂运动预先示教给机器人，而控制系统将关节运动的状态参数存储在存储器中；当需要机器人作业时，机器人的控制系统就调

用存储器中存储的各项数据，驱动关节运动，使机器人再现示教过的机械臂运动，从而完成要求的作业任务。

1）示教。示教也称为引导，即由操作者直接或间接导引机器人，一步步按实际要求操作一遍，机器人在示教过程中自动记忆示教的每个动作的位置、姿态、运动参数等，并自动生成一个连续执行全部操作的程序，并存储在机器人控制装置内。

在线示教是工业机器人目前普遍采用的示教方式。典型的示教过程是依靠操作人员观察机器人及其末端执行器相对于作业对象的位姿，在示教模式下，通过示教器对机器人各轴的相关操作，反复调整程序点处机器人的作业位姿、运动参数和工艺条件，然后将满足作业要求的这些数据记录下来，再转入下一程序点的示教。为示教方便以及获取信息的快捷、准确，操作者可以选择在不同坐标系下手动操作机器人。

2）再现。整个在线示教过程完成后，通过选择示教器上的再现/自动控制模式，给机器人一个启动命令，机器人控制器就会从存储器中，逐点取出各示教点空间位姿坐标值，通过对其进行插补运算，生成相应路径规划，然后把各插补点的位姿坐标值通过运动学逆解运算转换成关节角度值，分送机器人各关节或关节控制器，使机器人在一定精度范围内按照程序完成示教的动作和赋予的作业内容，实现再现（自动运行）过程。

（2）离线编程　随着计算机虚拟现实技术的发展，出现了虚拟示教编程系统。离线编程与直接示教不同，操作者不用针对实际的机器人进行现场示教，而是脱离实际作业环境，使用机器人程序语言预先进行程序设计并生成示教数据，间接地对机器人进行示教。在离线编程中，通过使用计算机内存储的机器人模型，不要求机器人实际产生运动，便能在示教结果的基础上对机器人的运动进行仿真，从而确定示教内容是否恰当且机器人是否按设定方式运动。

（3）自主编程　自主编程是指机器人借助外部传感设备对工作轨迹自动生成或自主调整的编程方式。随着技术的发展，各种跟踪测量传感技术日益成熟，人们开始研究以加工工件的测量信息为反馈，由计算机控制工业机器人进行加工路径的自主示教技术。自主编程主要有以下几种：

1）基于激光结构光的自主编程。基于结构光的路径自主规划，其原理是将结构光传感器安装在机器人的末端，形成"眼在手上"的工作方式。利用焊缝跟踪技术逐点测量焊缝的中心坐标，建立起焊缝轨迹数据库，在焊接时作为焊枪的运动路径。

2）基于双目视觉的自主编程。基于双目视觉的自主编程是实现机器人路径自主规划的关键技术。其主要原理是在特定条件下，由主控计算机通过视觉传感器沿焊缝自动跟踪、采集并识别焊缝图像，计算出焊缝的空间轨迹和方位（即位姿），并按优化焊接要求自动生成机器人焊枪的位姿参数。

3）多传感器信息融合的自主编程。利用力传感器、视觉传感器及位移传感器等构成一个高精度自动路径生成系统，该系统集成了位移、力及视觉控制，引入视觉伺服，可以根据传感器反馈信息来执行动作。该系统中机器人能够根据操作者所绘制的线自动生成机器人路径，位移控制器用来保持机器人 TCP 的位姿，视觉传感器使得机器人自动跟随曲线，力传感器用来保持 TCP 与工件表面距离恒定。

4）基于增强现实的编程技术。基于增强现实的机器人编程技术（RPAR）能够在虚拟环境中且没有真实工件模型的情况下进行机器人离线编程。由于能够将虚拟机器人添加到现实环境中，所以当需要原位接近时，该技术是一种非常有效的手段，这样能够避免在标定现实环境和虚拟环境中可能碰到的技术难题。增强现实编程的架构由虚拟环境、操作空间、任务规划以及路径规划的虚拟机器人仿真和现实机器人验证等环节组成。该编程技术能够发挥离线编程技术的内在优势，如减少机器人的停机时间、安全性好、操作便利等。由于基于增强现实的机器人编程技术采用的策略是路径免碰撞、接近程度可缩放，所以该技术可以用于大型机器人的编程，而示教编程技术则难以实现。

2. 机器人程序创建及调整

机器人应用程序是由用户编写的一系列机器人指令以及其他附带信息构成，使机器人完成特定的作业任务。程序除了记录机器人如何进行作业的程序信息外，还包括程序属性等详细信息。

机器人程序创建及调整的过程一般包括新建程序、添加指令、指令编辑等。

（1）新建程序　打开示教器上程序一览画面，单击对应的程序创建功能键，进入创建程序画面，创建相应的程序名称并确认，如图6-76所示，程序名称创建完成。

（2）添加指令　打开新建的程序，将机器人移动到一个合适的位置，单击"指令"功能键，选择一条所需要的动作指令，如图6-77所示，并将光标移动到所需的动作指令并确认。

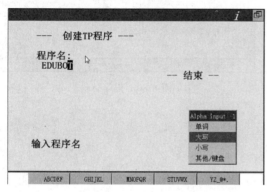

图6-76　程序名称创建

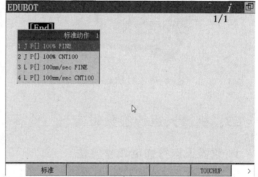

图6-77　添加指令

（3）指令编辑　指令编辑主要包括修改位置资料、修改动作类型、修改位置变量、修改移动速度、指令复制和指令删除等操作。

打开示教器程序一览画面，移动光标选择所需修改的程序，按"确认"键进入指令编辑画面，如图6-78所示，选择对应的指令进行编辑。

3. 机器人程序运行调试

机器人程序运行调试指的是再现所示教的程序。进入示教器上程序一览画面，选择

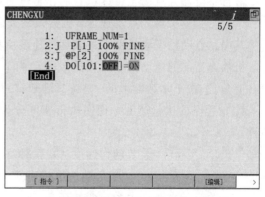

图6-78　指令编辑

所需示教的程序名称，按"ENTER"键，进入程序编辑界面，移动光标至第一行，半按住示教器安全开关，按下示教器上"SHIFT"键+"FWD"（前进）键或"BWD"（后退）键，如图6-79所示，示教相应的程序，示教前可通过按下"STEP"键，切换示教模式（示教模

式分为单步和连续两种）。

4. 机器人程序备份

通过对机器人程序的备份，可以方便操作人员进行后期的维护处理。机器人备份的文件主要分为程序文件、系统文件、I/O 分配数据文件和数据文件 4 种。

程序备份前需将存储设备（U 盘）插入示教器或控制器上。按下"MENU"键，进入菜单画面，移动光标至"7 文件"，在弹出的"文件 1"窗口中，选择"1 所有文件"进入文件设置界面，如图 6-80 所示，选择所需备份的文件进行备份操作。

SHIFT

FWD

BWD

图 6-79 启动程序

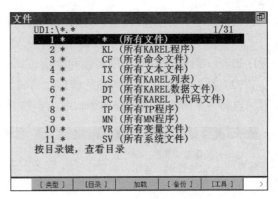

图 6-80 程序备份

二、机器人运行参数设定

1. 机器人运行速度调整方法

机器人的运行速度可分为点动速度和程序执行速度两种。

（1）点动速度 点动是通过示教器上的点动键使机器人产生移动的一种方式。在编程中，常常将机器人点动至目标位置后，再进行位置的记录。

$$机器人点动速度 = 机器人最大运行速度 \times 点动倍率 \times 速度倍率$$

其中，点动倍率和机器人最大运行速度由相应的系统变量控制。

机器人当前的速度倍率值可通过手动调节更改（速度倍率值通常显示在示教器显示屏的右上角）。按下示教器上的"+%"键和"-%"键，可以对机器人当前倍率值进行加减。

（2）程序的执行速度 程序执行速度分为关节动作的执行速度、其余动作的执行速度两种。

$$关节动作速度 = 关节最大速度 \times 编程速度 \times 速度倍率$$

$$其余动作执行速度 = 编程速度 \times 速度倍率$$

其中关节最大速度由系统变量控制。

影响程序执行速度的因素还有动作指令中所示教的编程速度、速度倍率。速度倍率除了手动调节之外，还可以通过程序指令控制、外部倍率选择等方式进行调节。

2. 机器人运动轨迹设定及调整方法

机器人的运动轨迹主要是通过动作指令来实现其设定和调整，可以参考第五单元第一节中机器人轨迹编程里机器人轨迹分析的内容。

动作指令是指以指定的移动速度和移动方法使机器人向作业空间内的指定位置移动的指令。动作指令主要包括动作类型、位置资料、移动速度和定位类型4个部分。

机器人的动作类型主要分为关节动作、直线动作和圆弧动作3种。

（1）关节动作　关节动作是将机器人移动到指定位置的基本移动方法。机器人所有轴同时加速，在示教速度下移动后，同时减速停止。

此工作下，机器人会以最快捷的方式运动至目标点。此时机器人运动状态不完全可控，移动轨迹通常为非直线，如图6-81所示，但运动路径保持唯一。常用于机器人在空间中大范围移动。

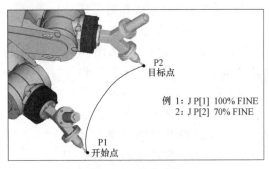

图 6-81　关节动作

（2）直线动作　直线动作是将所选定的机器人TCP从轨迹开始点以直线移动方式运动到目标点的运动类型，如图6-82所示。

（3）圆弧动作　圆弧动作是从动作开始点通过经过点到目标点以圆弧方式对TCP移动轨迹进行控制的一种移动方法，如图6-83所示，其在一个指令中对经过点、目标点进行示教。

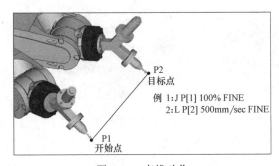

图 6-82　直线动作

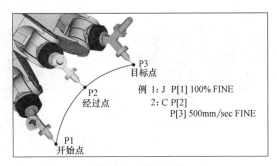

图 6-83　圆弧动作

而对于某些机器人而言，还会存在C圆弧动作，如图6-84所示。圆弧动作指令下，需要在一行中示教经过点和目标点，而C圆弧动作指令下，在一行中只示教一个位置，连续的3个圆弧动作指令将使机器人按照3个示教的点位所形成的圆弧轨迹进行动作。

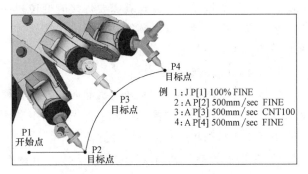

图 6-84　C圆弧动作

三、焊接系统协调运动控制

机器人进行焊接作业时，需要协调焊枪与变位机之间的运动，以达到最佳焊接效果和质量。变位机的安装必须使工件的变位均处在机器人动作范围之内，并需要合理分解机器人本体和变位机的各自职能，使两者按照统一的动作规划进行作业，如图 6-85 所示，机器人和变位机之间的运动形式有单独运动和协调运动两种。

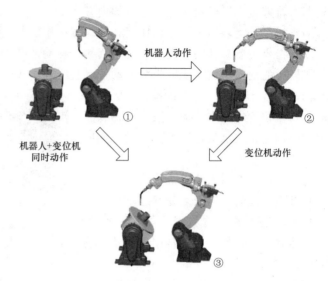

单独运动主要用于焊接时工件需要变位，但不需要变位机与机器人作协调运动的场合，如图 6-86 所示的骑坐式管-板船型焊作业。回转工作台的运动一般不是由机器人控制器直接控制的，而是由一个外加的可编程序控制器（PLC）来控制。作业示教时，机器人控制器只负责发送"开始旋转"和接受"旋转到位"信号。

图 6-85　机器人与变位机的动作过程

a) 机器人待机位置

b) 作业接近点位置

c) 焊接作业开始位置

图 6-86　骑坐式管-板船型焊作业

在焊接过程中，若能使待焊区域各点的熔池始终保持水平或稍微下坡状态，则焊缝外观平滑、美观，焊接质量好。这就需要焊接时变位机必须不断改变工件位置和姿态，并且变位机的运动和机器人的运动必须能共同合成焊接轨迹，保持焊接速度和工具姿态，即变位机和机器人的协调运动，如图 6-87 所示。

1. 焊接协调运动设置

焊接变位机的协调运动是通过机器人的外部轴操作实现的，而手动操作机器人外部轴运动的方法与操作机器人本体轴相似，首先要选中动作功能图标区预移动的外部轴。切换动作功能图标至外部轴状态有以下两种方法：

1）单击示教器"轴切换"功能键，按照机器人基本轴→手腕轴→外部轴顺次切换。

2）选择菜单图标"对象机构"→"外部轴"。

切换到外部轴之后，就可以自由控制变位机运动轴的转动，从而配合机器人完成焊接作业。

2. 变位机协调运动程序编写

以图 6-87a 所示的圆弧焊接起始点为例，完成机器人与变位机的协调运动的程序编写，

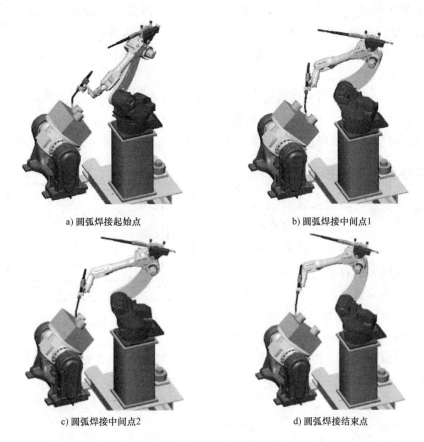

a) 圆弧焊接起始点　　　　　　　　　　b) 圆弧焊接中间点1

c) 圆弧焊接中间点2　　　　　　　　　　d) 圆弧焊接结束点

图 6-87　变位机和机器人的协调运动

而其他程序点的编程方法类似。

1）打开示教器"安全开关"，接通伺服电源，按动作功能图标打开机器人动作功能。

2）切换机器人的坐标系，手动操作机器人运动至圆弧焊接接近点。

3）切换动作功能图标至"外部轴"，并将第 1 外部轴角度改变为适当角度，如-45°。

4）切换机器人的坐标系，保持焊枪和变位机姿态不变，把机器人移动至圆弧焊接开始位置。

5）将示教点属性设定为"焊接开始"，插补方式选"直线插补"。

6）记录该程序点。程序点示教完成后，机器人会自动生成相应的变位机协调运动程序。

四、焊接应用调整

1. 焊接程序试运行

检查动作区域有无其他人员或障碍物，先锁定电弧，然后按住"TEST"测试键，将焊接图标锁定，观察机器人空走运行程序时焊枪姿态和焊丝对准焊缝的情况是否正确。

2. 焊接系统调整及工艺参数设置

焊接程序试运行，需要进行试件焊接，调整系统相关参数。

1）检查保护气体气瓶开关是否为开启状态，按下示教器的"检气"按钮，调整流量计的气体流量为 15L/min，然后关闭"检气"按钮。确认无误后准备焊接。

将光标移至程序起始处，旋动示教器模式选择开关至"Auto"模式；按下"伺服 ON"按钮，再按下"起动"按钮。

2）焊接过程中可能会因为焊枪姿态变化过大或者焊接参数等原因造成断弧，这时不要急于停止，应让机器人继续运行下去，机器人会重新起弧焊接。

3）断弧而且重新起弧后还不能正常焊接时，应停止运行程序并检查断弧原因。

五、打磨应用基本操作

以手机外壳为例，如图 6-88 所示，该工件需要打磨 5 个工作面，包括背面打磨、长边 A 打磨、长边 B 打磨、短边 A 打磨和短边 B 打磨。本节仅以背面打磨为例说明机器人持工件打磨的基本应用操作。

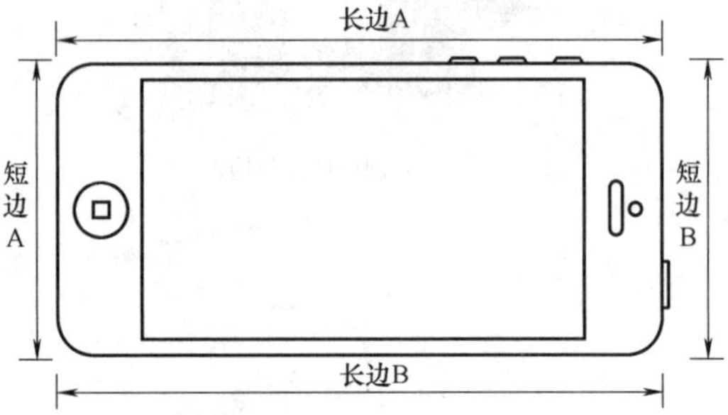

图 6-88　加工工件

1. 打磨动作规划及编程

图 6-89 所示为打磨作业的总流程。主要核心在于有一个试磨程序，即通过检测工作负载率测试工件与抛光轮的贴合紧密程度，如果达到"最佳工作电流"就进入"正常打磨程序"，如果未达到"最佳工作电流"就进入"基准工作点补偿程序"。所以"最佳工作电流"是工件打磨质量的间接反映。正常打磨作业流程如图 6-90 所示。

背面打磨程序必须考虑做 3 次打磨运行。每一次比前一次有一个微前进量。背面打磨运行轨迹如图 6-91 所示。以 P1 点为基准点，其余 P2、P3、P4 各点根据 P1 点计算。运行轨迹为 P1→P2→P3→P4→P5→P6→P7→P8→P3。

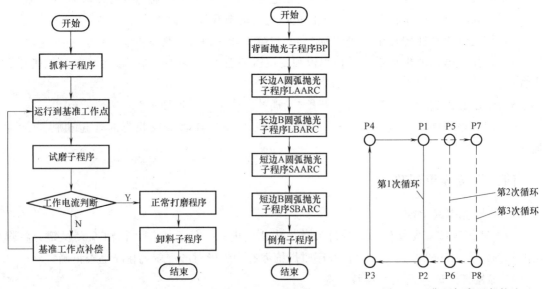

图 6-89　工件打磨程序总流程　　图 6-90　正常打磨作业流程　　图 6-91　背面打磨运行轨迹

机器人的背面打磨子程序如下：

!第 1 次粗磨循环

J P[1] 20% FINE　　　　　　　　　　　　　　　!P1 点为测定基准点

L P[1] 100mm/sec FINE Offset,PR[1]　　　　!机器人移动到 P2 点

L P[1] 10mm/sec FINE Offset,PR[2]　　　　!机器人移动到 P3 点

L P[1] 100mm/sec FINE Offset,PR[3]　　　　!机器人移动到 P4 点

!第 2 次打磨循环

L P[1] 100mm/sec FINE Offset,PR[4]　　　　!机器人移动到 P5 点

L P[1] 5mm/sec FINE Offset,PR[5]　　　　!机器人移动到 P6 点

L P[1] 100mm/sec FINE Offset,PR[2]　　　　!机器人移动到 P3 点

L P[1] 100mm/sec FINE Offset,PR[3]　　　　!机器人移动到 P4 点

!第 3 次打磨循环

L P[1] 100mm/sec FINE Offset,PR[6]　　　　!机器人移动到 P7 点

L P[1] 1mm/sec FINE Offset,PR[7]　　　　!机器人移动到 P8 点

L P[1] 100mm/sec FINE Offset,PR[2]　　　　!机器人移动到 P3 点

L P[1] 100mm/sec FINE Offset,PR[3]　　　　!机器人移动到 P4 点

2. 打磨程序试运行

当 5 个面的打磨子程序都完成后，需要按照整个打磨项目的要求，完成整个工件打磨的控制程序，并以单步运行方式对整个打磨程序进行逐行试运行测试，以便检查各程序点及参数设置是否正确。

在轨迹运行的过程中需要注意：

1）工具坐标系设置时，要尽量减小对 Z 轴的设置，因为 Z 方向过大，则会出现如果需要摆角 90°时，机器人不能够完成的情况。所以在设计抓手时，应该尽量缩短抓手的长度。

一般机器人的位置控制点设置在抓手中心点（出厂设置在机械接口中心点）。为了使抓手绕 X、Y、Z 轴都能够旋转（且能够旋转较大的角度），就必须设置 Z 坐标尽量小。

2）对于工具坐标系，可以绕其中某一点旋转，但运动轨迹不一定是需要的轨迹。

3）要获得确切的轨迹，必须使用圆弧插补指令和直线指令。尽量少使用"全局变量"，以免全局变量的改变影响所用程序。

3. 打磨系统姿态设置及工艺调整

在实际项目应用过程中，通过机器人的关节运动、线性运动和 TCP 姿态调整来设置末端工具的姿态，使得工件能够与打磨砂带机的砂带更好地贴合。而打磨工艺参数需要通过工艺试验来确定，工艺试验方案如下：

1）打磨设备材料、磨料、速度与打磨工件质量的关系。在机器人运行速度和打磨磨料确定后，需要测试打磨设备材料、速度与工件打磨质量的关系。试验时以不同材料的磨轮在不同的转速下做试验，试验结果记录在相应的表格中。

2）工件打磨质量与工作电流的关系。由于浮动打磨动力头无法预先确定运行轨迹，而工作电流表示了工件与磨轮的贴合程度（磨削量）。所以必须在基本选定磨轮转速和工件运行速度后，测定"最佳工作电流"。只有达到"最佳工作电流"才能被认为是正常抛光完

成。试验时需要逐步加大抛光磨削量以观察工作电流的变化，同样试验结果也要记录在相应的表格中。但要注意磨削量在图样给出的加工范围内。

六、码垛应用基本操作

熟练掌握机器人编程操作后，结合常用的码垛作业指令，可以完成码垛作业。以图 6-92 所示的码垛机器人工作站为例，配备四轴码垛机器人，末端执行器采用抓取式，通过在线示教方式为机器人输入 A 垛①位置码垛作业程序，A 垛的②~⑤位置可参考①位置操作类似示教。此程序由编号 P1~P8 的 8 个程序点组成，每个程序点的用途说明见表 6-8。A 垛为第一层码垛情况，B 垛为第二层码垛情况。

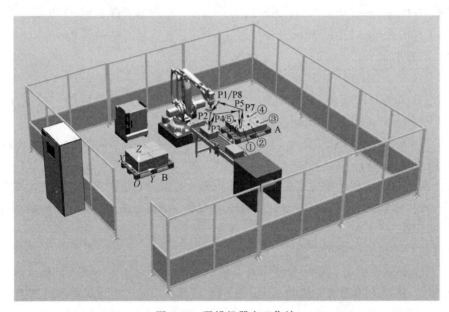

图 6-92　码垛机器人工作站

表 6-8　码垛机器人工作站程序点的用途说明

程序点	说明	手爪动作	程序点	说明	手爪动作
程序点 P1	机器人原点	—	程序点 P5	码垛中间点	抓取
程序点 P2	码垛接近点	—	程序点 P6	码垛作业点	放置
程序点 P3	码垛作业点	抓取	程序点 P7	码垛规避点	—
程序点 P4	码垛中间点	抓取	程序点 P8	机器人原点	—

1. 码垛垛型设置及编程

根据实际要求，机器人一般可以在系统中选择对应的码垛垛型。图 6-92 所示码垛机器人采用的是正反交错式码垛方式，码垛生产线类型为单线双垛，托盘数量为两个。码垛垛型设置方法如下：

1）进入示教器码垛工艺界面，设置码垛程序名称。

2）根据实际需求选择码垛生产线类型（单线单垛、单线双垛、双线双垛和自定义），如图 6-93 所示，选择"单线双垛"。

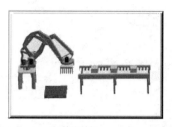
单线单垛

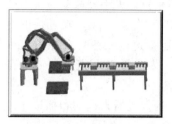
单线双垛

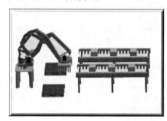
双线双垛

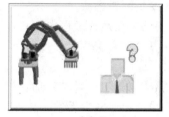
自定义

图 6-93 码垛生产线类型选择

3）根据码垛生产线类型，选择托盘数量为 2，如图 6-94 所示。

4）设置托盘坐标系，如图 6-92 所示的坐标系 OXYZ。

5）码垛垛型设置。根据实际需求选择码垛垛型，有标准垛、奇偶层相同、奇偶层不同和自定义四种垛型，如图 6-95 所示，选择"奇偶层不同"。

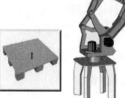

图 6-94 托盘数量选择

6）按次序示教程序点 P1～P8，完成第一个工件的码垛示教程序。其余工件的码垛垛型设置方法类似。

码垛机器人编程时运动轨迹上的关键点坐标位置可通过示教或坐标赋值的方式进行设

标准垛

奇偶层相同

奇偶层不同

自定义

图 6-95 码垛垛型选择

置。在实际生产中若托盘相对较大，可采用示教方式寻找关键点，以此可节省大量时间；若产品尺寸同托盘码垛尺寸接近，可采用坐标赋值方式获取关键点。

第一层码垛示教完毕，第二层只需在第一层的基础上将 Z 方向加上产品高度即可，示教方式如同第一层，第三层可调用第一层程序并在第二层的基础上加上产品高度，第四层可调用第二层程序并在第三层的基础上加上产品高度，依此类推，之后将编写程序存入运动指令中。

2. 码垛程序试运行

以单步运行方式对整个码垛程序进行逐行试运行测试，以便检查各程序点及参数设置是否正确。

调试程序时注意事项如下：

1）为减小机器人手臂振动对抓取物件精确度的影响，当靠近待抓取工件时尽可能减小手臂运行速度，并且在抓取工件的预设路径中，多示教几个点，从而加强对路径的可控性。

2）为了确保机器人运动和抓取工件的稳定性和安全性，所编写的程序应尽量避免工业机器人发生倾斜运动。

3）如果机器人在运行过程中需要调整姿态，应该在其运行的路径上一边运动一边调整路径。

4）当机器人离开工作区时，加快机器人运动速度，尽可能地减少无效工作时间，使机器人的运行效率更高。通过操作示教器控制，具体情况需要具体对待。

3. 码垛应用工艺调整

在码垛程序试运行过程中，如果发现作业工艺不合适，需要对码垛类型、垛型、托盘数量等及时作调整。码垛工艺调整流程如图6-96所示。

七、装配应用基本操作

以简化后的鼠标装配为例，说明机器人装配应用的基本操作，其末端执行器采用组合式，如图6-97所示。图中A、B、C

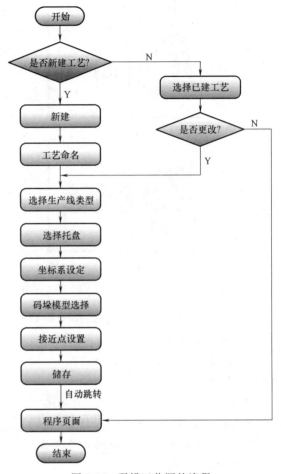

图 6-96　码垛工艺调整流程

位置为鼠标零件给料器，本章仅介绍A位置给料器上零件装配，其他位置装配方法类似。此程序由编号P1~P8的8个程序点组成，每个程序点的说明见表6-9。

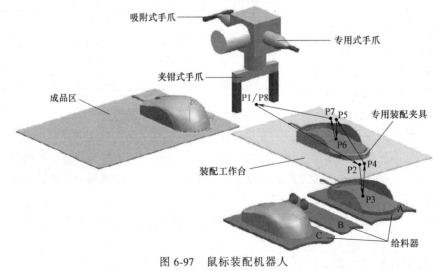

图 6-97　鼠标装配机器人

表 6-9　鼠标装配程序点说明

程序点	说明	手爪动作	程序点	说明	手爪动作
程序点 P1	机器人原点	—	程序点 P5	装配接近点	抓取
程序点 P2	取料接近点	—	程序点 P6	装配作业点	放置
程序点 P3	取料作业点	抓取	程序点 P7	装配规避点	—
程序点 P4	取料规避点	抓取	程序点 P8	机器人原点	—

1. 装配夹具控制及机器人编程

（1）示教器的准备　在进行装配机器人示教编程之前，要先做好如下准备工作：

1）给料器准备就绪。

2）确认操作者自身和机器人之间保持安全距离。

3）机器人原点位置确认。

（2）新建作业程序　点按示教器的相关菜单或按钮，新建一个作业程序，如"Assembly_Mouse"。

（3）程序点的输入　在示教模式下，手动操作装配机器人，按图 6-97 所示运动轨迹逐点示教程序点 P1~P8，此外要确保这 8 个程序点位置与工件、夹具等互不干涉。通常将程序点 1 与程序点 8 设置在同一点，鼠标装配作业示教方法见表 6-10。

表 6-10　鼠标装配作业示教方法

程序点	示教方法
程序点 P1 （机器人原点）	① 工具工件坐标系建立完成后，手动操作机器人移动至装配原点 ② 插补方式选"关节插补" ③ 将机器人原点位置设置为程序点 P1 并保存
程序点 P2 （取料接近点）	① 手动操作装配机器人移动至取料接近点，并调整手爪姿态 ② 插补方式选"关节插补" ③ 将取料接近点设置为程序点 P2 并保存
程序点 P3 （取料作业点）	① 手动操作装配机器人移动至取料作业点 ② 插补方式选"直线插补" ③ 将取料作业点设置为程序点 P3 并保存
程序点 P4 （取料规避点）	① 手动操作装配机器人移动至取料规避点，并适当调整手爪姿态 ② 插补方式选"直线插补" ③ 将取料规避点设置为程序点 P4 并保存
程序点 P5 （装配接近点）	① 手动操作装配机器人移动至装配接近点，并适当调整手爪姿态以适合安放零部件 ② 插补方式选"关节插补" ③ 将装配接近点设置为程序点 P5 并保存
程序点 P6 （装配作业点）	① 手动操作装配机器人移动至装配作业点 ② 插补方式选"直线插补" ③ 将装配作业点设置为程序点 P6 并保存 ④ 若有需要可直接输入装配作业指令
程序点 P7 （装配规避点）	① 手动操作装配机器人移动至装配规避点 ② 插补方式选"直线插补" ③ 将装配规避点设置为程序点 P7 并保存
程序点 P8 （机器人原点）	① 手动操作装配机器人移动至装配原点 ② 插补方式选"关节插补" ③ 将机器人原点设置为程序点 P8 并保存

（4）设定作业条件　本例中装配作业条件的输入，主要涉及以下几个方面：

1）在作业开始命令中设定装配开始规范及装配开始动作顺序。

2）在作业结束命令中设定装配结束规范及装配结束动作顺序。

3）依据实际情况，在编辑模式下合理配置装配工艺参数并选择合理的末端执行器。

所有程序点示教完成和作业条件设定后，机器人会自动生成并记录相应的装配运动程序。

另外，A、B 位置给料器上的零件可采用组合手爪中的夹钳式手爪进行装配，C 位置给料器上的零件装配需采用组合式手爪中的吸附式手爪进行装配，为达到相应装配要求，需用图 6-97 中的专用式手爪进行按压，鼠标装配按压动作运动轨迹如图 6-98 所示。

其中程序点 3 到程序点 4 需通过力觉传感器确定按压力大小，并在装配作业条件中设定相应的延时时间，确保装配完成效果。装配完成后可通过夹钳式手爪抓取鼠标放入成品托盘，完成整个装配生产过程。

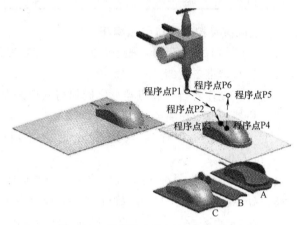

图 6-98　鼠标装配按压动作运动轨迹

2. 装配程序试运行

确认装配机器人周围安全，需要对整个装配程序进行逐行试运行测试，以便检查各程序点位置及参数设置是否正确。

1）打开要测试的程序文件。

2）移动示教器光标到程序开头位置。

3）单击示教器上的有关"跟踪"功能键，实现装配机器人单步或者连续运行。

3. 装配应用工艺调整

在程序调试过程中，需要进行相关工艺调整：

1）在规划轨迹时，抓取螺钉并运动到螺钉孔位置上方的时间尽可能设置得短一些。越接近螺钉孔，速度应越慢。

2）拧螺钉的圈数不能过多，否则容易打坏主板；也不能过少，否则可能会造成主板固定不牢靠。因此需要多次示教，设定最优的拧螺钉圈数。

第四节　设备调试

培训目标

1. 能够检测和调试机器人位姿
2. 能够检测调试线路和按钮是否通畅
3. 能够检测调试液压和气动系统压力和流量

一、机器人位姿调整

1. 机器人位姿定义及状态查看

机器人的位姿指的是机器人的位置和姿态，以通用六轴机器人为例，机器人的基本轴为1、2、3轴，用于控制末端执行器达到工作空间的任意位置。腕部轴为4、5、6轴，用于实现末端执行器的任意空间姿态。

通常机器人的位姿有两种显示方法：一种是单轴的角度显示，分别显示1至6轴的角度或弧度，如图6-99所示；另一种是在直角坐标系下的位置显示，显示机器人的TCP相对于某一直角坐标的X、Y、Z轴的偏移值，以及对应X、Y、Z轴的一个旋转角度偏移值，如图6-100所示。

图6-99　关节角度值

图6-100　直角坐标值

2. 机器人位姿调整方法

通常情况下，六轴关节工业机器人可以通过单轴运动和线性运动来调整其位置，而通过重定位运动调整其姿态。

（1）位置调整　机器人位置的调整一般是通过单轴运动和线性运动来实现。当机器人离目标点较远时，可使用单轴运动将机器人大范围快速移动到目标点附近，进行粗略定位；当机器人接近目标点时，切换至线性运动模式，使机器人小幅度缓慢移动，精确到达目标点。

（2）姿态调整　重定位运动的手动操作能使机器人TCP在空间中绕着对应的坐标轴旋转，从而调整TCP的姿态，但TCP的位置保持不变。

另外，如果知道目标点的位置和姿态的数据信息，也可以通过直接输入位姿数据的方式，将机器人移动至目标点。

二、电气线路检查

1. 常用电气检测工具选型及使用方法

（1）验电器　验电器是一种检测物体是否带电以及粗略估计带电量大小的仪器。验电器构造如图6-101所示。图中上部是一金属球，它和金属杆相连接，金属杆穿过橡胶塞，其下端挂两片极薄的金属箔，封装在玻璃瓶内。检验时，把物体与金属球（金属板）接触，如果物体带电，就有一部分电荷传到两片金属箔上，金属箔由于带了同种电荷，彼此排斥而张开，所带的电荷越多，张开的角度越大；如果物体不带电，则金属箔不动，验电器分为高压和低压两种。

1）低压验电器。常用的低压验电器是验电笔，又称为试电笔，检测电压范围一般为60～500V，常做成钢笔式或螺钉旋具式。低压验电笔除主要用来检查低压电气设备和线路外，它还可区分相线与零线，交流电与直流电以及电压的高低，如图 6-102 所示。

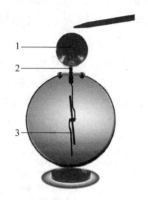

图 6-101 验电器构造图

1—金属球 2—金属杆 3—金属箔

图 6-102 低压验电笔

1—感应指示灯 2—数字显示屏
3—感应断点测试 4—直接检测 5—感应测试头

2）高压验电器。高压验电器属于防护性用具，检测电压范围为1000V 以上，目前广泛采用的有发光型、声光型、风车式三种类型，高压验电器，如图 6-103 所示，一般都是由检测部分（指示器部分或风车）、绝缘部分、握手部分三大部分组成。

（2）绝缘工具

1）绝缘棒。绝缘棒又称令克棒、绝缘拉杆、操作杆等，是用在闭合或拉开高压隔离开关，装拆携带式接地线，以及进行测量和试验时使用，如图 6-104 所示。

2）绝缘手套。用橡胶制成的绝缘手套，主要用于电工作业，具有保护手或人体的作用，可以防电、防水、耐酸碱腐蚀、防滑、防油，如图 6-105 所示。

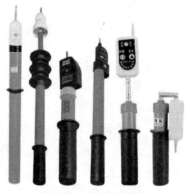

图 6-103 高压验电器

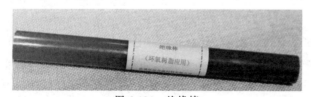

图 6-104 绝缘棒

图 6-105 绝缘手套

2. 线路调整工具的选型及使用方法

（1）钳子

1）钢丝钳。钢丝钳是一种用于掰弯及扭曲圆柱形金属零件、切断金属丝的工具，如

图 6-106 所示。其旁刃口也可用于切断细金属丝，长度规格有 160mm、180mm 和 200mm。

2）尖嘴钳。尖嘴钳是由尖头、刀口和钳柄组成，电工用尖嘴钳的材质一般由 45 钢制作，即钢的类别为中碳钢，含碳量为 0.45%，韧性、硬度都合适。它主要用来剪切线径较细的单股与多股线，以及给单股导线接头弯圈，剥塑料绝缘层等，能在较狭小的工作空间操作，不带刀口者只能进行夹取动作，带刀口者能剪切细小零件，如图 6-107 所示。

图 6-106　钢丝钳

图 6-107　尖嘴钳

3）断线钳。断线钳是一种用来剪断电线的工具，如图 6-108 所示，可用于剪断较粗的金属丝，一般有绝缘柄断线钳、铁柄断线钳和管柄断线钳 3 种。其中，电工常使用绝缘柄断线钳，其工作电压为 1000V，可用于低压电气设备 380V 以下的电线带电作业。断线钳通常用于剪断电线、电缆，其规格用全长来表示。

4）剥线钳。剥线钳是内线电工、电动机修理、仪器仪表电工常用的工具之一，如图 6-109 所示，用来供电工剥除电线头部的表面绝缘层。剥线钳可以使得电线被切断的绝缘皮与电线分开，还可以防止触电。

图 6-108　断线钳

图 6-109　剥线钳

5）绝缘夹钳。绝缘夹钳是用来安装和拆卸高压熔断器或执行其他类似工作的工具，主要用于 35kV 及以下电力系统，如图 6-110 所示。

（2）电工刀　电工刀是电工常用的一种切削工具，如图 6-111 所示。普通的电工刀由刀片、刀刃、刀把和刀挂等构成。

图 6-110　绝缘夹钳

图 6-111　电工刀

不用时，把刀片收缩到刀把内。刀片根部与刀柄相绞接，其上带有刻度线及刻度标识，前端形成有螺钉旋具刀头，两面加工有锉刀面区域，刀刃上具有一段内凹形弯刀口，弯刀口末端形成刀口尖，刀柄上设有防止刀片退弹的保护钮。

三、液压气动系统

1. 检测工具的选型及使用方法

（1）压力表　压力表是指以弹性元件为敏感元件，测量并指示高于环境压力的仪表，如图 6-112 所示，其应用极为普遍，几乎遍及所有的工业流程和科研领域。在热力管网、油气传输、供水供气系统和车辆维修保养厂店等领域随处可见。尤其在工业过程控制与技术测量过程中，由于机械式压力表的弹性敏感元件具有很高的机械强度以及生产方便等特性，使得机械式压力表得到越来越广泛的应用。

图 6-112　压力表

液压气动系统中，所有元件都应进行选择指定，以确保其使用的安全性。当系统投入预期的使用时，元件应在其额定的极限范围内工作。应选择或指定元件以保证系统在预定运行中能可靠地工作。尤其应注意某些元件的故障模式，它们如果失灵或出现故障可能会使整个系统产生危险。

1）在选用压力表时需要注意以下几个方面：

① 类型的选用。是否需要远传、自动记录和报警，被测介质的性质是否对仪表提出特殊要求，现场环境条件对仪器的要求。

② 测量范围的确定。选择压力表量程时，根据被测压力的大小和压力变化的快慢，留有足够的余地。

③ 准确度等级的选取。根据工艺生产允许的最大绝对误差和选定的仪表量程，计算出仪表允许的最大引用误差。

2）在使用压力表时需要注意以下几个方面：

① 仪表必须垂直。

② 仪表使用温度为 $-25 \sim 55 \text{℃}$。

③ 仪表使用范围应在量程上限的 $1/3 \sim 2/3$ 之间。

④ 仪表应经常进行检定（至少每三个月一次），如果发现故障应及时修理。

⑤ 需用测量腐蚀性介质的仪表，在订货时应注明要求条件。

（2）流量传感器　流量传感器是工业和生活中最常见的一种传感器，分为测量气体和液体两大方面。机器人系统中常用的是液压流量传感器。

液压流量传感器。液压流量传感器主要针对液压系统瞬时流量测试、高压测试的特点，采用涡轮转速与液体流速成正比的原理进行设计，并能在 42MPa 工作压力下进行测量。其主要介质为矿物液压油。

2. 主要技术指标检测及调整

一个液压系统的好坏取决于系统设计的合理性，系统元件性能的优劣，系统对污染的防护和处理。在设计以及使用液压系统时需要注意以下几项：

（1）工作压力范围调节　在调节气动和液压系统工作压力时，应先调节泵出口压力，然后调节阀门。调节阀门时，先调节高压阀再调节低压阀，调阀时压力应从低向指定压力调，不要从高向指定压力调。

（2）溢流阀测试　用旁通式或直通式均可对溢流阀检测，如果发现压力表有跳动，说明泵吸油管路有泄漏，应修复泄漏，避免气蚀发生，待修复完成方可继续测试。

（3）液压泵的测试　打开负荷阀，温度达到65℃或设备所要求温度方可测试。如果流量减少25%，应引起重视，若损失流量超过50%，可以确信，系统故障就是泵引起的。

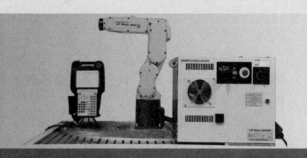

第七单元

直角坐标机器人操作与调整

直角坐标机器人是以 *XYZ* 直角坐标系统为基本数学模型,以伺服电动机、步进电动机为驱动的单轴机械臂作为基本工作单元,以滚珠丝杠、同步带、齿轮齿条作为常用的传动方式所架构而成的机器人系统,可以完成在 *XYZ* 三维坐标系中任意一点的到达和遵循可控的运动轨迹。

机器人视觉系统通过视觉相机产品和相应的软件来实现,如图 7-1 所示。通过视觉相机产品(即光源、镜头、相机和采集卡)将被拍摄的目标转换为图像信号,并通过视觉处理器进行分析和解释,进而转换为符号,让机器人能够辨识物体,并确定其位置,来代替人眼的测量、检测和判断。

图 7-1　工业相机

第一节　工 具 准 备

培训目标

　　能够准备镜头清理器等工具

工业镜头属于精密产品,均采用镀膜技术制造,操作不当易使外表受损。长期使用需要定期清洁、保养,以延长镜头的使用寿命。不恰当的清洗会损坏基层上或镜头上磨光的表面和专用的覆盖物,进而影响性能。

镜头清理时需要注意的事项如下:

1)保持手持镜头的边缘,避免用手指触摸镜头表面。否则,手指上的湿气可能会损伤镜头上的覆盖物,而且如果手指长时间停留在镜头表面,会形成永久的污点。即使戴上手套,也要避免触摸镜头表面。

2)禁止用金属工具或钳子处理镜头。通过使用木制的、竹制的和塑料制的工具来处理镜头会减少损坏镜头的概率。对于小镜头可以用手持真空笔进行处理。

3)将镜头置于柔软的表面,特别是其光学表面具有凸起的形态时,以防坚硬的桌面造成镜头表面的刮痕。

4）未使用时盖上镜头盖能保护光学表面不被损坏。

5）需要用独立的、干净的、软的镜头盒收纳镜头，并放置到安全的地方。

1. 镜头清理工具选型

选型1：气吹+毛刷+超微无纺镜头纸。

选型2：气吹+毛刷+超级细纤维镜头布+专业清洁液。

选型3：除尘紧缩气罐+超级细纤维镜头布+专业清洁液+短棉棒。

（1）气吹　气吹是清洁利器，如图7-2所示，无论镜头还是感应器上的浮尘都要靠气吹清洁，但是很多劣质气吹不光无法吹干净尘土，还会把微颗粒物吹到相机里，导致越擦越脏。因此，气吹的加工制造需要注意如下事项：

1）橡胶材质一定要选择高级医用橡胶，无毒无害、软硬适中，耐用且没有特殊气味。

2）选择头部出气口由纯橡胶制造的气吹，很多劣质气吹的出气口选择用硬塑料或金属，如果使用不当很容易划伤镜头或传感器。

3）制造工艺与质量。部分劣质气吹在制造时为了使橡胶更耐用，在材料中加入微颗粒物，在使用时会从气吹中吹出很多肉眼无法看清的粉末，如果吹到相机内部很难清洁，甚至越擦越脏。

（2）毛刷　毛刷如图7-3所示，主要用于清除顽固污渍。毛刷质地要软，不掉毛屑。使用时，将镜头倾斜，以便于灰尘脱离。

（3）超微无纺镜头纸　当镜头有灰尘或其他污渍附着时，如果直接使用镜头纸（图7-4）进行清洁，反而导致灰尘颗粒摩擦镜头表面造成划伤。所以，应将镜头纸折成需要的形状，配合气吹使用。正确的方法如下：

1）撕下一张镜头纸，卷成筒状。

2）用力拉扯两端，将其扯成两段，形成毛绒状断口。

3）用气吹吹掉浮尘，再使用镜头纸毛绒状断口端，由镜头中间开始螺旋向外轻轻擦扫。

　　　　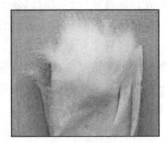

图7-2　气吹　　　　　　　　图7-3　毛刷　　　　　　　　图7-4　镜头纸

2. 镜头清理工具使用方法

清理方法1：气吹+毛刷+超微无纺镜头纸。

清理方法2：气吹+毛刷+超级细纤维镜头布+专业清洁液。

清理方法3：除尘紧缩气罐+超级细纤维镜头布+专业清洁液+短棉棒。

使用清理工具清理镜头的步骤如下：

1）用气吹或除尘紧缩气罐将较大的灰尘颗粒吹离镜片。

2）运用毛刷，从上到下刷去浮尘。

3）假如遇到较顽固的污渍，需用超微无纺镜头纸或超级细纤维镜头布依照螺旋向外的方式由中心向周围擦拭。

4）对于变焦环、对焦环等能够活动的局部边缘，以及镜头上的开关按钮等位置，使用短棉棒蘸取少量镜头清洁液擦拭。

镜头清理工具的使用注意事项如下：

1）采用低端材质的镜头纸、镜头布等，不但其本身会产生灰尘或掉毛，还容易有灰尘残留，当重复擦拭时，会给镜头玻璃形成划痕。

2）采用劣质橡胶的气吹容易出现老化并产生粘连情况，有些气吹在成型制造中，采用滑石粉脱模成型工艺，这样会将原有的粉尘吹入被清洁部位，势必对器材形成二次污染。

3）通常的污渍能够用超微无纺镜头纸或者超级细纤维镜头布直接擦拭，对于顽固污渍，要配合专业清洁液擦拭。

第二节　配套设备安装

培训目标

1. 能够安装上下料机
2. 能够安装物料翻转机
3. 能够安装机器人摄像视觉器

一、上下料机

1. 工作原理

上下料机专门用于粒料、粉料、片状料和带状质料的运送。这种主动送料机有较高的准确度，并且环保、省时，还大大降低了劳动强度，应用越来越广泛。

机床上下料机器人可以在数控机床上下料环节取代人工，完成工件的自动装卸。数控机床上下料机器人具有速度快、柔性高、效率高、精度高和无污染等优点，主要适用的对象大多为大批量重复性或者是质量较大的工件以及恶劣的工作环境。在新兴工业化时代，机床上下料工业机器人能够满足快速、大批量加工节拍的生产要求，能够节省人力资源成本，大大提高工厂的生产效率。

图7-5所示的上下料机采用伺服机构作为驱动动力，保证了上下料机动作的准确性。机构上下料通过伺服定位来实现，简单实用、稳定性好。通用的外围设备输入、输出接口可以很方便地配合各类设备进行工作。主设备发送上料机构旋转信号，上料机构旋转到上料工位，然后上料机构发出一个上料信号，控制上料动作，顶出物料；发送上料机构推料完成信号，等待主设备抓取。

主设备完成加工后，首先将加工完成的工件放入抓取设备左边一个放料工位，完成成品件的放料工作。放料完成后进行上料工件抓取工作，完成抓取工作后，进

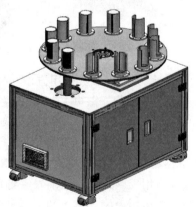

图7-5　上下料机

行毛坯件加工，同时上料机构完成下一次上料。

该上下料机构共有 12 个上下料工位，可以完成批量工件的上下料作业，提高了整个机构的生产效率。其中在柔性制造系统方面，直角坐标机械手自动上下料装置是机器人技术应用的一个重要方面，随着机床的高速度、高精度的发展趋势，机床加工中自动上下料技术将具有更广阔的发展前景。

2. 设备安装及使用方法

上下料机的安装主要包括机械安装和电气安装两方面。

（1）机械安装 在使用上下料机时首先需要将该机构进行固定。根据生产工艺要求对准上下料点位置后，锁紧设备地脚轮，然后将四个地脚同时抬高，完成地脚固定工作。地脚高度抬升到轮子悬空即可。

（2）电气安装 固定好设备后，可以进行电气安装工作。首先需要接入 220V 总电源，然后根据主设备的控制要求，接入 I/O 设备信号线。

（3）设备使用方法 完成设备安装后，需要进行调试工作。首先打开设备总电源，然后手动测试上下料气缸工作情况，测试伺服旋转盘工作情况及转动精度。完成基本调试后设备具备使用条件。在起动设备之前要确认上料工位和下料工位物料，上料工位需是满物料，下料工位不存在物料。由于设备是下位机，所以其自动运行由主设备控制，此时只需要打开主设备即可以完成整个工位的自动运行。

二、物料翻转机

1. 工作原理

物料翻转机采用手柄连接二级减速器，如图 7-6 所示，能够实现工件的翻转，通过减速器的减速，减少需要的转动力与力矩，使输出功率随负载的变化而变化，操作简单，使用方便，节约人力物力，降低工人的劳动强度。

普通气缸一般是缸体本身通过安装附件固定在机座上，由活塞往复运动带动活塞杆前进与后退，从而对负载实现推或拉的动作。而旋转气缸则是将缸体本身固定在旋转体上与旋转负载一起旋转，供气组件则固定不动。如果在旋转缸体与不旋转的供气阀之间采用轴承连接，就可使旋转气缸灵活地旋转。

图 7-6 物料翻转机

该款物料翻转机采用的是气缸翻转机构，该翻转机构主要由机构本体、前进后退机构和气缸、上升下降机构和气缸、翻转本体机构和气缸组成，能够实现物料抓取和翻转放料动作。

2. 设备安装及使用方法

（1）设备安装

1）首先安装固定好本体机身，接入 220V 电源，连接气管气路，完成整个系统的连接。

2）根据工艺要求更换取料爪头，连接气路，完成手爪安装。

3）设置物料翻转机放料工位，确认翻转机能成功放置物料。

（2）设备使用方法 首先等待主设备信号，当主设备发出物料翻转机可以抓取动作信号后，物料翻转机工作，上升下降气缸工作，将主设备成品物料抓取完成，之后前进后退气缸工作，完成工位转换。翻转气缸动作，完成物料翻转放置动作，下降气缸进行放料。使用设备时需确认电气信号交互接线正确，测试气缸速度及缓冲调节。

三、机器视觉系统

机器视觉系统就是利用机器代替人眼完成各种测量和判断。它是计算机学科的一个重要分支，它综合了光学、机械、电子和计算机软硬件等方面的技术，涉及计算机、图像处理、模式识别、人工智能、信号处理和光机电一体化等多个领域。图像处理和模式识别等技术的快速发展，也大大地推动了机器视觉的发展。

1. 视觉系统成像原理

机器视觉中的光学成像系统是由工业相机和镜头所构成的，镜头由一系列光学镜片和镜筒组成，其作用相当于一个凸透镜，使物体成像。因此对于一般的机器视觉系统，可以直接应用透镜成像理论来描述相机成像系统的几何投影模型，如图7-7所示。

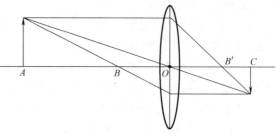

图7-7　透镜成像原理

根据物理学中光学原理可知：

$$\frac{1}{f}=\frac{1}{m}+\frac{1}{n}$$

其中：$f=OB$，为透镜焦距；$m=OC$，为像距；$n=AO$，为物距。

一般地，由于$n \gg f$，则有$m \approx f$，这时可以将透镜成像模型近似地用小孔（针孔）成像模型代替。针孔成像模型假设物体表面的反射光都经过一个针孔而投影到像平面上，即满足光的直线传播条件。针孔成像模型主要由光心（投影中心）、成像面和光轴组成，如图7-8所示。针孔成像模型与透镜成像模型具有相同的成像关系，即像点是物点和光心的连线与图像平面的交点。

实际应用中通常对上述针孔成像模型进行反演，使图像平面沿着光轴位于投影中心的前面，同时保持图像平面中心的坐标系，如图7-9所示。该模型称为小孔透视模型，由投影的几何关系就可以建立空间中任何物体在相机中的成像位置的数学模型。对于眼睛、相机或其他许多成像设备而言，小孔透视模型是最基本的模型，也是一种最常用的理想模型，其物理上相当于薄透镜，其成像关系是线性的。针孔模型不考虑透镜的畸变，在大多数场合，这种模型可以满足精度要求。

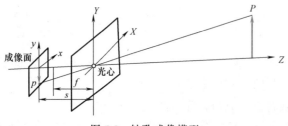

图7-8　针孔成像模型

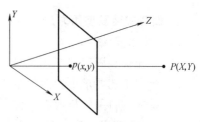

图7-9　小孔透视模型

2. 视觉系统工作原理

视觉系统是指通过机器视觉产品，即图像摄取装置，分 CMOS（Complementary Metal Oxide Semiconductor）和 CCD（Charge-coupled Device）两种，将被摄取目标转换成图像信号，传送给专用的图像处理系统，根据像素分布和亮度、颜色等信息，转变成数字化信号；图像系统对这些信号进行各种运算来抽取目标的特征，进而根据判别结果控制现场的设备动作。它在检测缺陷和防止缺陷产品被配送到消费者的功能方面具有不可估量的价值。

机器视觉系统包括照明、镜头和相机 3 大部件。

（1）照明　照明是影响机器视觉系统输入的重要因素，它直接影响输入数据的质量和应用效果。由于没有通用的机器视觉照明设备，所以针对每个特定的应用实例，要选择相应的照明装置，以达到最佳效果。

光源可分为可见光和不可见光。常用的几种可见光源是白炽灯、荧光灯、汞灯和钠灯。可见光的缺点是光量无法保持稳定。

而如何使光量在一定程度上保持稳定，是实用化过程中急需解决的问题。另一方面，环境光有可能影响图像的质量，所以可采用加防护屏的方法来减少环境光的影响。

照明系统按其照射方法可分为背向照明、前向照明、结构光照明和频闪光照明等。

其中，背向照明是将被测物放在光源和相机之间，其优点是能获得高对比度的图像。前向照明是光源和相机位于被测物的同侧，这种方式便于安装。结构光照明是将光栅或线光源等投射到被测物上，根据它们产生的畸变，解调出被测物的三维信息。频闪光照明是将高频率的光脉冲照射到物体上，相机拍照要求与光源同步，即相机拍照的频率和光源频闪频率相同。

（2）镜头　镜头的选择应注意焦距、目标高度、影像高度、放大倍数、影像至目标的距离、中心点/节点和畸变等性能。

视觉检测中确定镜头的焦距，为特定的应用场合选择合适的工业镜头时必须考虑以下因素：

1）视野。被成像区域的大小。

2）工作距离（WD）。相机镜头与被观察物体或区域之间的距离。

3）CCD 图像传感器的尺寸。

考虑以上因素时必须注意一致性。如果测量物体的宽度，需要使用水平方向的 CCD 规格；如果以 in 为单位进行测量，则以 ft 进行计算，最后再转换为 mm。

（3）相机　相机按照不同标准可分为标准分辨率数字相机和模拟相机等。要根据不同的实际应用场合选择不同的相机，如高分辨率相机、线扫描 CCD 和面阵 CCD、黑白相机和彩色相机。

一个完整的机器视觉系统的主要工作原理如下：

1）工件定位检测器探测到物体已经运动至接近视觉系统的视野中心，向图像采集部分发送触发脉冲。

2）图像采集部分按照事先设定的程序和延时，分别向摄像机和照明系统发出启动脉冲。

3）相机停止当前扫描，重新开始新的一帧扫描，或者相机在启动脉冲到来之前处于等待状态，启动脉冲到来后启动一帧扫描。

4）相机开始新的一帧扫描之前打开曝光机构，曝光时间可以事先设定。

5）另一个启动脉冲打开灯光照明，灯光的开启时间应该与相机的曝光时间匹配。

6）相机曝光后，正式开始一帧图像的扫描和输出。

7）图像采集部分接收模拟视频信号，通过 A-D 将其数字化，或者直接接收相机数字化后的数字视频数据。

8）图像采集部分将数字图像存放在处理器或计算机的内存中。

9）处理器对图像进行处理、分析、识别，获得测量结果或逻辑控制值。

10）处理结果控制流水线的动作，进行定位，纠正运动的误差等。

从上述工作流程可以看出，机器视觉是一种比较复杂的系统。因为大多数系统监控对象都是运动物体，系统与运动物体的匹配和协调动作尤为重要，所以对系统各部分的动作时间和处理速度有严格的要求。在某些应用领域，例如机器人、飞行物体制导等，对整个系统或者系统一部分的质量、体积和功耗都会有严格的要求。

3. 视觉系统机械安装和调整

视觉系统在调试和工作之前，先要完成视觉相机的机械安装和调整，如图 7-10 所示。

采用相机静态安装方法，将相机安装在相机模块上，然后安装镜头，安装镜头时需要注意镜头和相机内部不能有灰尘进入，否则会影响相机的成像，造成成像不清晰，甚至使相机发生故障。安装镜头时需注意正确旋入，镜头和相机都是精密仪器，不能强行旋入。安装好镜头以后，需要安装环形光源，环形光源安装在相机上，通过环形光源边上的螺钉进行光源紧固。至此视觉系统安装已完成，关于视觉系统的调整可以根据成像指令，进行相机高度和长度的调整。

4. 视觉系统电气接线

（1）相机电源连接　相机电源接线共需要完成两处，一是视觉光源电源接入，如图 7-11 所示，完成视觉光源和调速器连接；二是 220V 电源插头与调速器连接。

图 7-10　工业相机

图 7-11　视觉光源电源

（2）相机本体接线　相机本体共有两处接线口，一处为工业以太网通信接口，可以通过网线连接到计算机，完成相机相关配置工作。另一处为相机 DB15 针串口接线。该串口包含相机 24V 工作电源输入，2 个输入信号和 5 个输出信号接线，以及 RS485 通信接口接线，如图 7-12 所示。根据引脚图完成相机电源和 RS485 通信线连接。

SW–IO电缆   DB15针脚定义图

1	X0 棕白色	6	X1 红白色	11	24V 蓝色
2	Y2 棕色	7	Y1 红色	12	24V 紫色
3	Y3 橙色	8	Y0 黑白色	13	24V 黄色
4	RS485-A 粉红色	9	Y4 黑色	14	GND 绿色
5	GND 灰色	10	RS485-B 白色	15	GND 青色

图 7-12 相机 DB15 针串口接线

相机 24V 工作电源接入控制系统，RS485 通信接头通过 USB 转 RS485 接头接入计算机，完成相机与计算机信息的交互。

第三节 基本操作

培训目标

1. 能够调整上下料机速度以及物料定位位置
2. 能够调整物料翻转机速度、角度和缓冲力度
3. 能够使用视觉图像软件编程
4. 能够完成视觉标定

一、上下料机的操作

1. 上料及下料速度调整

机器的速度可以通过多种方式来调整，主要根据设备的控制方式进行。一体化上下料机采用工业伺服电动机，可以通过外部 PLC 上位控制器来调整转盘的速度，上料及下料动作速度。

上料动作由上料机构完成，上料机构主要包括上料顶杆、减速器、伺服电动机，每次上料动作由伺服电动机提供动力，推动物料进行上料动作，当上料机构感应到物料后，上料传感器会将上料到位信号传送给 PLC 上位控制器，控制伺服电动机停止转动，实现精确上料定位。

可以直接通过设备配置的人机界面（Human Machine Interface，HMI）来调整上料及下料的速度，上限为 100% 的速度，对此可以根据直角坐标机器人的工作速度合理调整上下料节拍，提高生产效率。

2. 物料定位调整

物料定位调整主要有以下两种方法：

1）调整物料定位装置，上下料定位装置可以满足不同圆饼工件的上下料动作，可以通过调整物料定位装置机械结构完成物料定位调整。物料的柱形定位功能可以更改机构圆筒物料仓的直径。

2）调整感应开关感应位置，控制物料定位调整。顶料装置定位主要通过光电开关控制，光电开关安装于物料最上端，每次当物料被向上顶出时，会触发光电开关。所以调整光电开关的位置可以控制物料的高度定位，光电开关调整处标有定位调整尺，根据定位调整尺可以精确地完成高度定位调整。高度方向上的定位调整，既可以控制上料及下料的存数，还可以控制直角坐标机器人抓取物料的高度。

二、物料翻转机的操作

1. 速度和角度调整

物料翻转机采用气缸控制机构整体进行翻转，所以关于物料翻转机的速度调整可以从调整气缸翻转速度进行，主要有以下两个方面：

（1）气源大小　气源的可调节范围为 0~6MPa，将气源的进气流量调大可以加快物料翻转机速度，反之可以降低物料翻转机速度。

（2）速度控制阀　通过调整气缸上的速度控制阀可以快速调整物料翻转机的速度。将速度控制阀流量调大，则物料翻转机翻转速度变快，反之物料翻转机翻转速度变慢。

通过调整物料翻转机的角度可以控制物料翻转机翻转后的角度，最终控制翻转物料放料位置。物料翻转的角度需要通过机械装置来控制，通过调整最终翻转极限挡块位置，完成角度调整，如图 7-13 所示。

图 7-13　角度调整

2. 翻转缓冲力度调整

物料翻转机翻转缓冲力度调整常用方法如下：

1）通过气缸端面上设置的旋转角度调节旋钮，可以精确调整旋转角度，有效控制缓冲力度。

2）通过已经加设的外部缓冲器，可以是液压的、气压的、弹簧式的，可不同程度地调整翻转缓冲力度。轴上机构的摆臂越长，速度越快，这种撞击回弹就越强。

3）还可以通过调整外部缓冲器，调整气缸内部缓冲装置，降低气缸运行速度等方式减小缓冲力。

三、视觉软件编程

1. 视觉软件使用方法

智能化一体相机通过内含 CMOS 传感器采集高质量现场图像，内嵌数字图像处理（DSP/A7）芯片，能脱离计算机对图像进行运算处理，控制或执行单元在接收到图像处理结果后进行相应的操作。

视觉软件是专为工程开发设计的图形化编辑软件，能加快视觉应用工程师的项目开发进程，缩短项目周期。

工业机器人应用中常用的视觉软件主界面如图7-14所示。通过该软件可以处理相机相关的设定，并且可以将设定好的程序下载到相机，使相机正常工作。

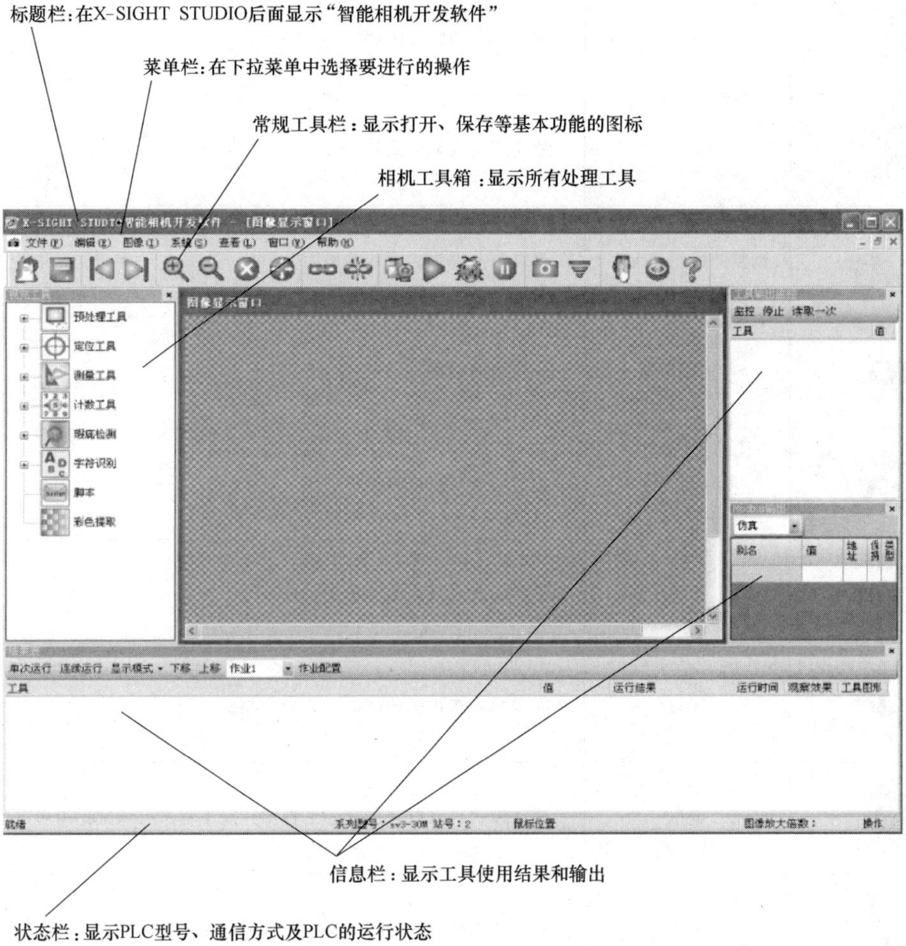

标题栏:在X-SIGHT STUDIO后面显示"智能相机开发软件"

菜单栏:在下拉菜单中选择要进行的操作

常规工具栏:显示打开、保存等基本功能的图标

相机工具箱:显示所有处理工具

信息栏:显示工具使用结果和输出

状态栏:显示PLC型号、通信方式及PLC的运行状态

图 7-14 视觉软件主界面

其工具栏功能见表7-1。

表 7-1 软件工具栏功能

图标	名称	功能
	打开	打开所需要处理的 BMP 图片
	工程另存为	将现在所编辑的工程另存
	上一张图像	在打开一个图像序列时,浏览上一张图片
	下一张图像	在打开一个图像序列时,浏览下一张图片

（续）

图标	名称	功能
	放大	放大当前编辑的图片
	缩小	缩小当前编辑的图片
	恢复原始图像大小	恢复当前编辑的图片的原始大小
	连接服务器	连接智能相机
	断开服务器	中断与智能相机的连接
	采集	采集模式只采集图像不进行处理
	运行	在成功连接相机的情况下，命令相机运行
	调试	调试模式可以打开已有的工程图片对工程进行调试，相当于仿真
	停止	在成功连接相机的情况下，命令相机停止运行
	下载	下载相机配置
	下载	下载作业配置
	触发	进行一次通信触发
	显示图像	在成功连接相机的情况下，要求显示相机采集到的图像
	帮助	提供帮助信息

视觉软件使用方法如下：

1）将视觉相机与上位机软件进行通信。可以采用以太网方式，其相机默认 IP 地址为 192.168.8.2。所以在连接相机时需要对计算机 IP 地址进行更改，如图 7-15 所示。

2）设定好 IP 地址后则可以打开软件，连接相机，如图 7-16 所示。

3）单击"连接相机"按钮，软件自动搜索相机 IP 地址，搜索完成后进行连接。

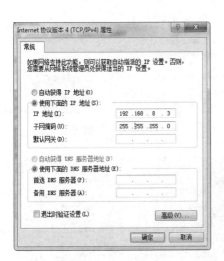

图 7-15　更改计算机 IP 地址

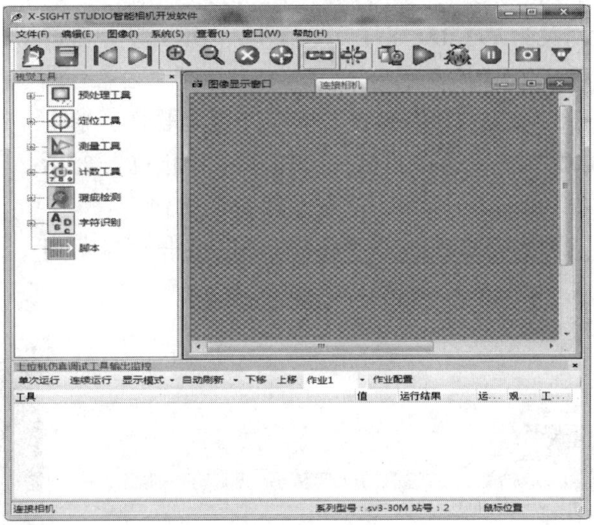

图 7-16　连接相机

4）相机连接完成后，单击"上传"按钮，即可将当前相机的工程加载到软件里，如图 7-17 所示。

2. 图像识别组态编程

以图 7-18 所示螺钉测量为例，介绍视觉软件的图像识别组态编程应用。其操作包括上位机软件和相机的连接、工具操作、输出口配置。在本案例中主要定位到当前螺钉的位置，然后测量内圆半径，标准半径为 11.5 像素，允许误差 ±0.5 像素，若不合格则反馈输出信号。

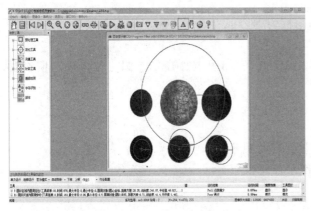

图 7-17　加载相机工程

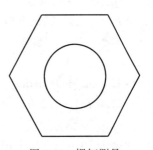

图 7-18　螺钉测量

（1）配置上位机的以太网卡　将 IP 地址设置为 192.168.8.*，其中"*"表示任意在 1～255 范围内的数字，但其数字不能等于相机地址（默认为 192.168.8.2），在固件更新时仅能使用 192.168.8.253；所以一般推荐用 IP 地址为 192.168.8.253；子网掩码为 255.255.255.0；默认网关为 192.168.8.1 可以不填。DNS 服务器都不填，如图 7-19 所示。

图 7-19　IP 地址设置

（2）上位机软件设置　打开视觉软件，单击"　"按钮连接相机，出现"连接相机"对话框，如图 7-20 所示，单击"搜索"按钮。

搜索完成后单击"确定"，再单击"显示图像"，如图 7-21 所示。

图 7-20　搜索相机

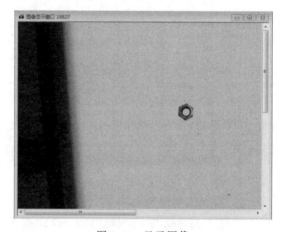

图 7-21　显示图像

（3）工具应用　检测样品的内圆半径，并将半径值在触摸屏上显示。

1）轮廓定位。在定位工具中选择"轮廓定位"，轮廓定位工具的设置参数默认即可，如图 7-22 所示。

注意，外矩形框为搜索框，内矩形框为学习框。如果轮廓定位画完以后学习不到图像，则检查搜索框是否未包含学习框。

2）圆定位。在定位工具中选择"圆定位"，如图 7-23 所示。圆定位常规选项参数设置如图 7-24 所示，其他默认即可。

（4）脚本　选择"脚本"工具，编写代码。

```
float a;
a=tool2.Out.circle.radius;  // 获取当前检测半径
if(a>11.0 && a<12.0)  // 和标准半径比较
{
writeoutput(0,0);  // 对 y0 口写 0
}
```

else writeoutput(0,1)；// 对 y0 口写 1

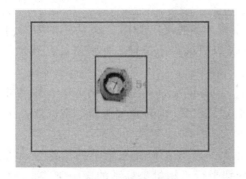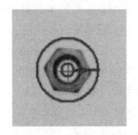

图 7-22　轮廓定位　　　　　　　　　　　　　　图 7-23　圆定位

（5）MODBUS 配置和输出　单击视觉软件菜单栏的"窗口"中的 MODBUS 配置，在弹出的 Modbus 配置窗口中单击"添加"，选择变量"tool2. Out. circle. radius"（内圆半径），关闭窗口，再在"窗口"中选择 Modbus 输出，系统会弹出 Modbus 输出监控窗口，可以实时监控，如图 7-25 所示。

图 7-24　圆定位常规选项参数设置　　　　　　图 7-25　Modbus 输出监控窗口

（6）相机下载　单击" ▼ "按钮，下载完成后，单击" ▶ "按钮，重新切换到运行模式，相机可实现自动运行（无须连接计算机）。

四、视觉系统标定

1. 视觉系统标定原理

空间物体表面某点的三维几何位置与其在图像中对应点之间的相互关系是由工业相机成像的几何模型决定的，这些几何模型参数就是工业相机参数。在通常情况下，这些参数必须通过实验与计算才能得到，而这个实验与计算的过程就被称为机器视觉系统标定。在整个机器视觉系统成像过程中，高精度的系统标定是实现高清成像的基础与重点，对最终应用有着直接影响。

（1）相机透视投影模型　相机成像模型通过一系列坐标系来描述在空间中的点与该点在像平面上的投影之间的相互关系，其几何关系如图 7-26 所示。其中，O_c 点称为相机的光心。相机成像过程中所用到的坐标系有世界坐标系、相机坐标系、图像坐标系和像素坐标系。

世界坐标系——是指空间环境中的一个三维直角坐标系，如图 7-26 所示的 $O_w X_w Y_w Z_w$，通常为基准坐标系，用来描述环境中任意物体（如相机）的位置。空间物点 P 在世界坐标系中的位置可表示为 (X_w, Y_w, Z_w)。

相机坐标系——是以透镜光学原理为基础，其坐标系原点为相机的光心，轴为相机光轴，如图 7-26 所示的空间直角坐标系 $O_c X_c Y_c Z_c$，其中 Z_c 轴与光轴重合。空间物点 P 在相机坐标系中的三维坐标为 (X_c, Y_c, Z_c)。

图像坐标系——是建立在相机光敏成像面上，原点在相机光轴上的二维坐标系，如图 7-26 所示的 $O_1 XY$。图像坐标系的 X、Y 轴分别平行于相机坐标系的 X_c、Y_c 轴，原点 O_1 是光轴与图像平面的交点。空间物点 P 在图像平面的投影为 p，点 p 在图像坐标系中的位置可表示为 $p(X, Y)$。

像素坐标系——是一种逻辑坐标系，存在于相机内存中，并以矩阵的形式进行存储，原点位于图像的左上角，如图 7-27 中 $O_0 uv$ 所示的平面直角坐标系。在获知相机单位像元尺寸的情况下，图像坐标系可以与像素坐标系之间进行数据转换。像素坐标系的 u、v 轴分别平行于图像坐标系的 X、Y 轴，空间物点 P 在图像平面的投影 p 的像素坐标可表示为 (u, v)。

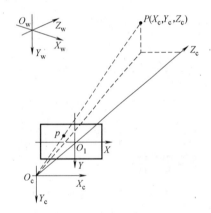

图 7-26　相机成像模型

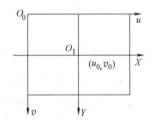

图 7-27　像素坐标系与图像坐标系

将三维空间中的物点投影到图像平面上，再由计算机存储，存在以下几种变换过程：

1）世界坐标系到相机坐标系的变换。空间中某一点 P 在世界坐标系与相机坐标系下的齐次坐标分别表示为

$X_w = (X_w, Y_w, Z_w, 1)^T$ 与 $X_c = (X_c, Y_c, Z_c, 1)^T$，由于相机坐标系与世界坐标系之间的关系可以用旋转矩阵 R 与平移矢量 t 来描述，于是存在如下关系

$$\begin{pmatrix} X_c \\ Y_c \\ Z_c \\ 1 \end{pmatrix} = \begin{pmatrix} R & t \\ 0^T & 1 \end{pmatrix} \begin{pmatrix} X_w \\ Y_w \\ Z_w \\ 1 \end{pmatrix} = M_2 \begin{pmatrix} X_w \\ Y_w \\ Z_w \\ 1 \end{pmatrix}$$

其中，R 为 3×3 的正交单位矩阵，t 为三维平移矢量，$O = (0,0,0)^T$，M_2 为 4×4 的

矩阵。

2）相机坐标系到图像坐标系的变换。由几何关系可知，在针孔成像模型中，相机坐标系下空间一点 $P(X_c, Y_c, Z_c)$ 与该点在图像平面的投影点 $p(X, Y)$，存在如下比例关系：

$$\begin{cases} X = \dfrac{f X_c}{Z_c} \\ Y = \dfrac{f Y_c}{Z_c} \end{cases}$$

其中 f 为 $X_c Y_c$ 平面与图像平面的距离，一般称为相机的焦距。用齐次坐标和矩阵表示上述透视投影关系

$$s \begin{pmatrix} X \\ Y \\ 1 \end{pmatrix} = \begin{pmatrix} f & 0 & 0 & 0 \\ 0 & f & 0 & 0 \\ 0 & 0 & 1 & 0 \end{pmatrix} \begin{pmatrix} X_c \\ Y_c \\ Z_c \\ 1 \end{pmatrix} = \boldsymbol{P} \begin{pmatrix} X_c \\ Y_c \\ Z_c \\ 1 \end{pmatrix}$$

其中，s 为一比例因子，$\boldsymbol{P}$ 为透视投影矩阵。

3）图像坐标系到像素坐标系的变换。假设图像坐标系的原点 O_1 在像素坐标系中的坐标为 (u_0, v_0)，每一个像素在 X 轴与 Y 轴方向上的物理尺寸为 $\mathrm{d}X$、$\mathrm{d}Y$，则图像中任意一个像素在两个坐标系下的坐标存在如下关系

$$\begin{cases} u = \dfrac{X}{\mathrm{d}X} + u_0 \\ v = \dfrac{Y}{\mathrm{d}Y} + v_0 \end{cases}$$

为了使用方便，用齐次坐标和矩阵形式表示为

$$\begin{pmatrix} u \\ v \\ 1 \end{pmatrix} = \begin{pmatrix} \dfrac{1}{\mathrm{d}X} & 0 & u_0 \\ 0 & \dfrac{1}{\mathrm{d}Y} & v_0 \\ 0 & 0 & 1 \end{pmatrix} \begin{pmatrix} X \\ Y \\ 1 \end{pmatrix}$$

4）像素坐标系到世界坐标系的变换。最后，得到以世界坐标系表示的 P 点坐标与其投影点 p 的坐标 (u, v) 的关系

$$s \begin{pmatrix} u \\ v \\ 1 \end{pmatrix} = \begin{pmatrix} \dfrac{1}{\mathrm{d}X} & 0 & u_0 \\ 0 & \dfrac{1}{\mathrm{d}Y} & v_0 \\ 0 & 0 & 1 \end{pmatrix} \begin{pmatrix} f & 0 & 0 & 0 \\ 0 & f & 0 & 0 \\ 0 & 0 & 1 & 0 \end{pmatrix} \begin{pmatrix} \boldsymbol{R} & \boldsymbol{t} \\ \boldsymbol{0}^{\mathrm{T}} & 1 \end{pmatrix} \begin{pmatrix} X_w \\ Y_w \\ Z_w \\ 1 \end{pmatrix}$$

$$= \begin{pmatrix} \alpha_x & 0 & u_0 & 0 \\ 0 & \alpha_y & v_0 & 0 \\ 0 & 0 & 1 & 0 \end{pmatrix} \begin{pmatrix} \boldsymbol{R} & \boldsymbol{t} \\ \boldsymbol{0}^{\mathrm{T}} & 1 \end{pmatrix} \begin{pmatrix} X_w \\ Y_w \\ Z_w \\ 1 \end{pmatrix} = \boldsymbol{M}_1 \boldsymbol{M}_2 \begin{pmatrix} X_w \\ Y_w \\ Z_w \\ 1 \end{pmatrix} = \boldsymbol{M} \begin{pmatrix} X_w \\ Y_w \\ Z_w \\ 1 \end{pmatrix}$$

其中，$\alpha_x = f/dX$ 为 u 方向上的尺度因子，或称为 u 轴上归一化焦距；$\alpha_y = f/dY$，为 v 轴上的尺度因子，或称为 v 轴上归一化焦距；M 为 3×4 矩阵，称为投影矩阵。M_1 由 α_x、α_y、u_0、v_0 决定，由于 α_x、α_y、u_0、v_0 只与相机内部参数有关，称这些参数为相机内部参数。M_2 由相机相对于世界坐标系的方位决定，称为相机外部参数。确定某一相机的内、外部参数，称为相机标定。

（2）常见标定方法　总的来说，工业相机标定方法可以分为传统工业相机标定方法和工业相机自标定方法两大类。

1）传统标定方法。传统的相机标定方法按照标定参照物与算法思路可以分成若干类，如基于 3D 立体靶标的相机标定、基于 2D 平面靶标的相机标定以及基于径向约束的相机标定等。

2）工业相机自标定方法。不依赖于标定参照物，仅利用相机在运动过程中周围环境图像与图像之间的对应关系进行标定的方法称为相机自标定方法。

目前已有的自标定技术大致可以分为基于主动视觉的相机自标定技术、直接求解 Kruppa 方程的相机自标定方法、分层逐步标定法和基于二次曲面的自标定方法等几种。

（3）坐标系标定　将相机默认坐标系与机器人坐标系建立数据关系，建立了关系后即可将机器人的位置点数据与相机坐标系位置点数据关联起来。

在相机视野中放置坐标系标定卡，实时观察视频窗口，使标定卡相邻两边与相机视野左上角重合，如图 7-28 所示。

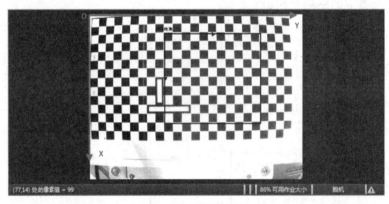

图 7-28　坐标系标定

建立机器人工件坐标系，该坐标系以相机视野左上角作为原点 O，视野左上方的两条边界线分别作为 X、Y 轴，以该坐标系为基准示教机器人工件坐标系。注意在使用标定卡的过程中，确保标定卡的位置保持不变，否则机器人进行坐标系标定时会导致误差过大。

2. 视觉系统标定方法

（1）标定前的准备　视觉系统标定前，需要准备相机标定卡和 TCP 标定尖锥，如图 7-29 所示。

1）相机标定卡。用于将相机默认坐标系进行偏移。

2）TCP 标定尖锥。用于将相机的坐标系转移到机器人工件坐标系，此时相机坐标系和视觉模块工件坐标系重合，即建立了相机坐标系和视觉模块工件坐标系的关系。

（2）相机坐标系标定过程　相机坐标系标定步骤如下：

1）将相机标定卡置于相机标定模块上，如图 7-30 所示。

a) 相机标定卡

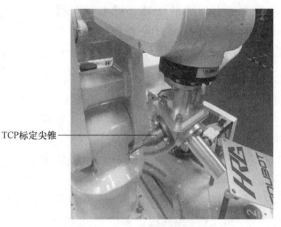

TCP标定尖锥

b) TCP标定尖锥

图 7-29 标定前的准备

2）连接好相机，打开相机软件，单击"采集"→"显示图像"，并在相机视野范围内放入一个圆饼物料，如图 7-31 所示。

3）通过工具输出监控查看 Y 圆环检测范围内圆饼的半径，计算像素比，如图 7-32 所示。

计算公式为：像素比 = 圆饼的实际半径/Y 圆环检测半径。

4）展开"tool2"脚本工具，双击"fnum"打开脚本编辑器，修改像素比，如图 7-33 所示。

5）将相机标定卡放入相机检测视野范围，并调试标定卡的位置，如图 7-34 所示。标定卡调整依据为圆心 Y 轴相同，这样便于相机坐标系的偏移。

图 7-30 放置相机标定卡

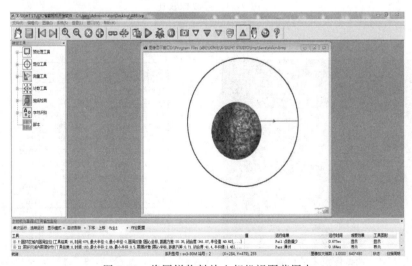

图 7-31 将圆饼物料放入相机视野范围内

6）标定卡圆心的 Y 轴坐标参数可以通过 Modbus 输出监控窗口来查看，如图 7-35 所示。

7）通过标定卡可以建立如图 7-36 所示的坐标系。

8）通过查看 ORG 圆形圆心位置，进行坐标系偏移，如图 7-37 所示。其中"x"和"y"均显示为像素值，需根据像素比转化为真实值。

9）将 ORG 圆心的坐标实际计算值分别填入"x"和"y"偏移值，如图 7-38 所示。

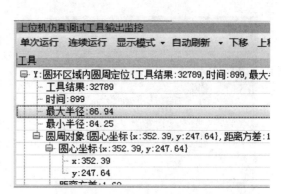

图 7-32 计算像素比

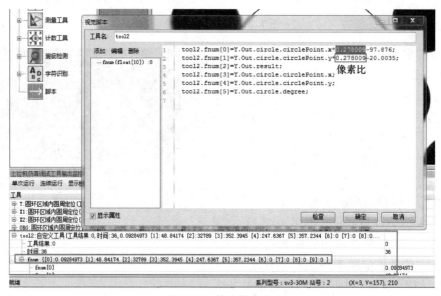

图 7-33 修改像素比

图 7-34 调试标定卡的位置

Modbus输出监控			仿真	
别名	值	地址	保持	类型
tool2_fnum[0]	0.093	1000		浮点
tool2_fnum[1]	48.842	1002		浮点
tool2_fnum[2]	32789.000	1004		浮点
tool2_fnum[3]	352.395	1006		浮点
tool2_fnum[4]	247.637	1008		浮点
tool2_fnum[5]	357.234	1010		浮点
tool2_fnum[6]	0.000	1012		浮点
tool2_fnum[7]	0.000	1014		浮点
tool2_fnum[8]	0.000	1016		浮点
tool2_fnum[9]	0.000	1018		浮点
X1_y	75.766	1020	–	浮点
X2_y	75.785	1022	–	浮点
ORG_y	75.664	1024	–	浮点

图 7-35 查看坐标参数

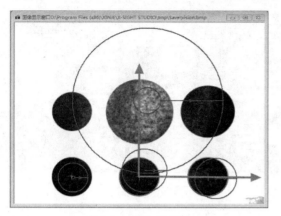

图 7-36 建立坐标系

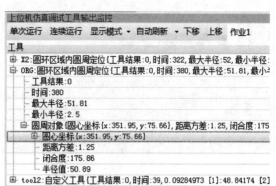

图 7-37 坐标系偏移

图 7-38 填入偏移值

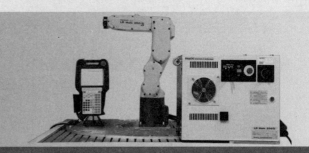

第八单元

高级维护与保养

　　机器人在日常工作中，要想能够一直保持持久的作业状态和高效的工作效率，就需要定期对机器人和周边的设备进行维护和保养。

第一节　机器人日常保养

培训目标

1. 能够处理机器人故障
2. 能够更换机器人的润滑脂、机械和电气零部件

一、机器人故障处理

　　机器人故障是指设备硬件发生问题或软件在运行过程中出现错误而导致机器人无法正常运行的现象。工业机器人常见故障及解决方法见表8-1。

表8-1　工业机器人常见故障及解决方法

故障现象	原因	解决方法
系统启动异常	电源电力不足	确认供电电源是否正常
	信号线或电源线连接故障	重新插紧或更换连接线
机器人零点丢失	机器人本体发生严重的撞击，导致脉冲编码器数据丢失	重新进行零点标定
	更换伺服电动机或伺服编码器	
	机器人本体备用电池失效	更换电池并重新进行零点标定
机器人无法通电	断路器损坏	更换断路器
	断路器电源没有接通	接通断路器电源
机器人无法自动运行	外部急停按钮被按下	顺时针旋转急停按钮，并清除相关故障
	安全光栅处有遮挡物	移除光栅处的遮挡物
	部分设置没有完成	完成相应的外部起动设备的设置
	当前坐标系与程序当中位置数据不符	选择正确的坐标系（添加正确的坐标系选择指令）

（续）

故障现象	原因	解决方法
无法更改程序内容	处于自动运行模式	切换至手动模式
	程序处于写保护状态	解除写保护锁定
程序运行时轨迹偏差较大	机器人与工件相对位置发生更改	重新记录轨迹路径点
	程序中定位类型选择错误	更改定位类型
机器人在运行过程中出现抖动现象	本体没有固定好	重新进行本体固定
	机器人所抓取物体重量超出负载能力	更换重量较小的物体
	运动轨迹路径不合理	更改运行轨迹
无法手动示教机器人	模式开关处于自动状态	切换至手动模式
	示教器有效开关置于"OFF"	示教器有效开关置为"ON"
	安全开关未按下	按下安全开关（使能开关）
	相应的报警信号没有清除	清除相应的报警信号
在运行过程中出现奇异点	四轴与六轴轴线重合（机器人姿态选择错误）	切换机器人的运行姿态
	四轴与六轴轴线重合（轨迹设计错误）	更换运行轨迹
控制器无响应	控制器未连接主电源	检查控制器是否连接到主电源上
	主变压器出现故障或连接不正确	检查主变压器是否正确连接到电源电压上
	主熔丝断开	检查主熔丝是否熔断
控制器性能不佳	程序包含过多的逻辑指令，造成循环过快，使处理器过负载	在程序当中添加一个或多个 WAIT 指令来进行测试
	内部系统交叉连接和逻辑功能使用太频繁	检查与外部计算机是否有大量的交叉连接或 I/O 通信
	其他监控计算机对系统寻址太频繁，造成系统过载	以事件驱动指令编辑 PLC 程序，机器人系统中有许多固定的系统输入和输出可用于实现此目的
控制器所有 LED 灯全灭	未向系统提供电源	确保主开关处于打开状态
	接入控制器上的主电压有误	使用电压表测量输入的主电压
	断路器出现故障	更换控制器内的断路器
	接触器出现故障	更换控制器内的接触器
无法微动机器人	控制器发生故障	仔细检查示教器电缆是否正确连接到控制器上
	控制杆发生偏转	重置示教器
	控制器处于自动模式	切换到手动模式
机器人内部有机械噪声	轴承表面有磨损	将磨损的轴承打磨光滑
	有污染物进入轴承圈	将进入轴承圈的污染物清除干净
	轴承长时间没有润滑	用润滑油对轴承进行润滑
	齿轮箱过热	检查齿轮箱中油的质量和油面高度是否符合标准

（续）

故障现象	原因	解决方法
示教器死机	示教器线缆没有与控制器连接	确保示教器线缆正确连接到控制器上
	连接到控制器的电缆或电缆连接器被损坏	检查示教器上的电缆及电缆连接器，看是否有任何损坏的迹象
	示教器出现故障	将出现死机的示教器连接到其他控制器上面，看示教器是否能正常启动
	控制器上给示教器供电的电源出现故障	检查控制器上给示教器供电的电源，看是否向示教器提供 24V 的直流电

二、机器人维护与保养

1. 机器人机械结构与故障诊断

工业机器人的操作机主要包括机械臂、驱动装置、传动装置和内部传感器 4 部分。其中，机械臂是机器人的机械本体，它的功能是按照规定的作业要求执行各种作业动作。

（1）机械臂　机械臂是工业机器人的机械结构部分，是机器人的主要承载体和直观的动作执行机构。工业应用中典型的机械臂有垂直多关节型机械臂、水平多关节型机械臂、直角坐标型机械臂和 DELTA 并联型机械臂 4 种。工业应用中的垂直多关节机器人以六轴和四轴为主。

1）机械臂组成。六轴垂直多关节机器人机械臂主要包括基座、腰部、手臂和手腕 4 部分，如图 8-1 所示。

① 基座。基座是机器人的支撑基础，整个执行机构、驱动装置、传动装置都安装在基座上。作业过程中，基座还要能够承受起外部作用力，臂部的运动越多，基座承受力越复杂。

工业机器人的基座安装方式主要分为固定式和移动式。固定式机器人直接固定在地面上，移动式机器人安装在移动装置上。

② 腰部。机器人腰部一般是与基座相连接的回转机构，可以与基座做成一个整体。有时为了扩大工作空间，也可以通过导杆或导槽在基座上移动。

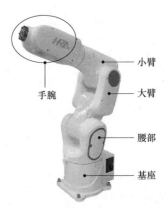

图 8-1　六轴垂直多关节
机器人机械臂

腰部是机器人整个手臂的支撑部分，还带动手臂、手腕和末端执行器在空间回转，同时决定了它们所能到达的回转角度范围。

③ 手臂。手臂是连接腰部和手腕的部分，由操作机的动力关节和连接杆等组成。它又称为主轴，是执行机构中的主要运动部件，作用是改变手腕和末端执行器的空间位置，以满足机器人的作业需求，并将各种载荷传递到基座。

对于六轴垂直多关节机器人而言，手臂包括大臂和小臂。大臂是连接腰部的部分，小臂是连接手腕的部分，大臂与小臂之间通过转动关节相连。

④ 手腕。机器人的手腕是连接末端执行器和手臂的部分，将作业载荷传递到臂部，也

称为次轴，它的作用是支撑腕部、调整或改变末端执行器的空间位姿，因此具有独立的自由度，从而使末端执行器完成复杂的动作。

2）本体轴。六轴垂直多关节机器人的机械臂有 6 个可活动关节，对应 6 个机器人本体轴。

本体轴分为两类，基本轴和腕部轴。基本轴又称为主轴，用于保证末端执行器到达工作空间的任意位置；腕部轴又称为次轴，用于实现末端执行器的任意空间姿态。

（2）驱动装置 驱动装置是指机械臂运动的动力装置，它的作用是提供工业机器人各部位动作的原动力，相当于人体的肌肉。

根据驱动源的不同，驱动方式可分为电气驱动、液压驱动、气压驱动 3 种，3 种驱动方式特点比较见表 8-2。工业机器人大多数采用电气驱动，而其中应用最广的是交流伺服电动机。

驱动装置可以与机械结构系统直接相连，也可以通过传动装置进行间接驱动。

表 8-2 3 种驱动方式特点比较

驱动方式	特点					
	输出力	控制性能	维修使用	结构体积	使用范围	制造成本
电气驱动	输出力较小	容易与 CPU 连接，控制性能好，响应快，可精确定位，但控制系统复杂	维修使用较复杂	需要减速装置，体积较小	高性能、对运动轨迹要求严格的机器人	成本较高
液压驱动	压力高，可获较大的输出力	液压油不可缩，压力、流量均容易控制，可无级调速，反应灵敏，可实现连续轨迹控制	维修方便，液体对温度变化敏感，液压油泄漏易着火	在输出力相同的情况下，体积比气压驱动方式小	中、小型及重型机器人	液压元件成本较高，油路比较复杂
气压驱动	气体压力低，输出力较小，如需输出力大时，其结构尺寸过大	可高速运行，冲击较严重，精确定位困难。气体压缩性大，阻尼效果差，低速不易控制，不易与 CPU 连接	维修简单，能在高温、粉尘等恶劣环境中使用，泄漏无影响	体积较大	中、小型机器人	结构简单，工件介质来源方便，成本低

伺服电动机是在伺服控制系统中控制机械元件运转的发动机，它可以将电压信号转化为转矩和转速以驱动控制对象。

在工业机器人系统中，伺服电动机用作执行元件，把所收到的电信号转换成电动机轴上的角位移或角速度输出，分为直流和交流伺服电动机两大类。

目前大部分工业机器人操作机的每一个关节均采用一个交流伺服电动机驱动。本书若无特别说明，伺服电动机一般指交流伺服电动机。

1）基本结构。目前，工业机器人采用的伺服电动机一般为同步交流伺服电动机，其电动机本体为永磁同步电动机（Permanent Magnet Synchronous Motor，PMSM）。

永磁同步电动机由定子和转子两部分构成，如图8-2所示。定子主要包括电枢铁心和三相（或多相）对称电枢绕组，绕组嵌放在铁心的槽中；转子由永磁体、导磁轭和转轴构成。永磁体贴在导磁轭上，导磁轭为圆筒型，套在转轴上；当转子的直径较小时，可以直接把永磁体贴在转轴上。转子同轴连接有位置、速度传感器，用于检测转子磁极相对于定子绕组的相对位置以及转速。

2）工作原理。当永磁同步电动机的电枢绕组中通过对称的三相电流时，定子将产生一个以同步转速推移的旋转磁场。在稳态情况下，转子的转速恒为磁场的同步转速。于是，定子旋转磁场与转子的永磁体产生的主极磁场保持静止，它们之间相互作用，产生电磁转矩，拖动转子旋转。当负载发生变化时，转子的瞬时转速就会发生变化，这时，通过检测传感器检测转子的速度和位置，根据转子永磁体磁场的位置，利用逆变器控制定子绕组中的电流大小、相位和频率，便会产生连续的转矩作用在转子上，这就是闭环控制的永磁同步电动机工作原理。

根据电动机具体结构、驱动电流波形和控制方式的不同，永磁同步电动机具有两种驱动模式，一种是方波电流驱动的永磁同步电动机；另外一种是正弦波电流驱动的永磁同步电动机。前者又称为无刷直流电动机，后者又称为永磁同步交流伺服电动机。

3）伺服驱动器。伺服驱动器又称为伺服控制器、伺服放大器，是用来控制伺服电动机的一种控制器，如图8-3所示。

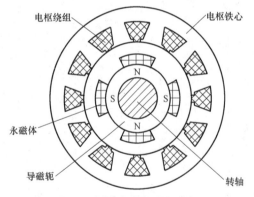

图8-2 同步交流伺服电动机

图8-3 伺服电动机与伺服驱动器

伺服驱动器一般是通过位置、速度和力矩三种方式对伺服电动机进行控制，实现高精度的传动系统定位。

① 位置控制。一般是通过输入脉冲的个数确定转动的角度。

② 速度控制。通过外部模拟量（电压）的输入或脉冲频率控制转速。

③ 转矩控制。通过外部模拟量（电压）的输入或直接的地址赋值控制输出转矩的大小。

（3）传动装置 当驱动装置不能与机械结构系统直接相连时，则需要通过传动装置进行间接驱动。传动装置的作用是将驱动装置的运动传递到关节和动作部位，并使其运动性能符合实际运动的需求，以完成规定的作业。

常用的工业机器人传动装置有减速器、同步带和线性模组，如图8-4所示。本节仅介绍减速器相关内容。

关节型机器人采用的减速器主要有谐波减速器和RV减速器两类。

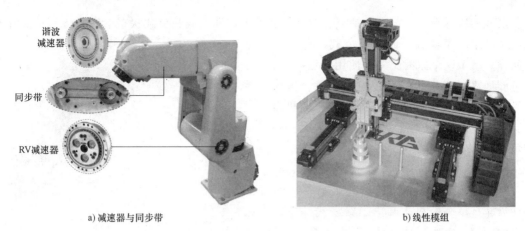

a) 减速器与同步带　　　　　　　　　　　b) 线性模组

图 8-4　工业机器人的传动装置

精密的减速器能使机器人伺服电动机在一个合适的速度下运转，并精确地将转速调整到工业机器人各部位所需要的速度，提高了机械本体的刚性并输出更大的转矩。

1) 谐波减速器。

① 基本结构。谐波减速器主要由波发生器、柔性齿轮和刚性齿轮三个基本构件组成，如图 8-5 所示。

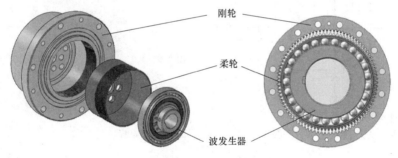

图 8-5　谐波减速器的基本构件

刚性齿轮简称刚轮，由 45 钢或 40Cr 钢制成，刚性好且不会产生变形，带有内齿圈。

柔性齿轮简称柔轮，是一个薄钢板弯成的圆环，一般由合金钢制成，工作时可产生径向弹性变形并带有外齿，且外齿的齿数比刚轮内齿数少。

波发生器是装在柔轮内部，呈椭圆形，外圈带有柔性滚动轴承。

柔性齿轮和刚性齿轮的齿形分为直线三角齿形和渐开线齿形两种，其中渐开线齿形应用较多。

波发生器、柔轮和刚轮三者可任意固定一个，其余两个就可以作为主动件和从动件。作为减速器使用，通常采用波发生器主动，刚轮固定而柔轮输出的形式。

② 工作原理。当波发生器装入柔轮后，迫使柔轮的剖面由原先的圆形变成椭圆形，其长轴两端附近的齿与刚轮的齿完全啮合，而短轴两端附近的齿则与刚轮完全脱开，周长上其他区段的齿处于啮合和脱离的过渡状态。当波发生器沿某一方向连续转动时，会把柔轮上的外齿压到刚轮内齿圈的齿槽中去，由于外齿数少于内齿数，所以每转过一圈，柔轮与刚轮之间就产生了相对运动。在转动过程中柔轮产生的弹性波形类似于谐波，故称为谐波减速器。

谐波减速器有一个很大的缺点，就是存在回差，即空载和负载状态下的转角不同，由于输出轴的刚度不够大，而造成负载卸荷后有一定的回弹。基于这个原因，一般使用谐波减速器时，尽可能地靠近末端执行器，用在小臂、腕部或手部等轻负载位置（主要用于20kg以下的机器人关节），如图8-6所示，避免距离半径太大，一点点转角就会产生很大的位置误差。

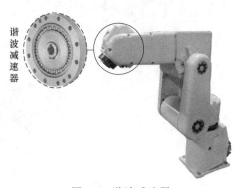

图 8-6　谐波减速器

2）RV减速器。

① 基本结构。RV减速器是由第一级渐开线圆柱齿轮行星减速机构和第二级摆线针轮行星减速机构两部分组成，是一封闭差动轮系。

RV减速器主要由太阳轮、行星齿轮、转臂（曲柄轴）、转臂轴承、摆线轮（RV齿轮）、针齿、刚性盘与输出盘等零件组成，其结构及原理如图8-7所示。

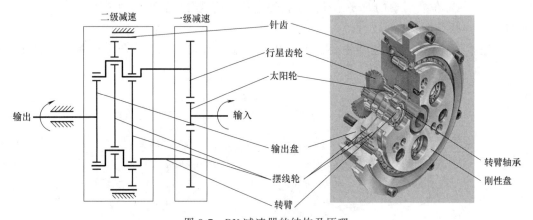

图 8-7　RV减速器的结构及原理

太阳轮：它与输入轴相接，负责传输电动机的输入功率。与其所啮合的齿轮是渐开线行星齿轮。

行星齿轮：它与转臂固联，三个行星齿轮均匀地分布在一个圆周上，起到功率分流作用，即将输入功率分成三路传递给摆线针轮行星机构。

转臂（曲柄轴）：转臂是摆线轮的旋转轴。它的一端与行星齿轮相连接，另一端与支撑圆盘相连，它可以带动摆线轮产生公转，而且又支撑着摆线轮产生自转。

摆线轮（RV齿轮）：为了实现背向力的平衡，在该传动机构中，一般应采用两个完全相同的摆线轮，分别安装在曲柄轴上，且两摆线轮的偏心位置相互呈180°对称。

针轮：针轮与机架固定在一起，而成为一个针轮壳体，针轮上有一定的数量的针齿。

刚性盘与输出盘：输出盘是RV传动机构与外界从动工作机相互连接的构件，输出盘与刚性盘相互连接成为一个整体而输出运动或动力。在刚性盘上均匀分布着三个转臂的轴承孔，而转臂的输出端借助于轴承安装在这个刚性盘上。

② 工作原理。主动的太阳轮通过输入轴与执行电动机的旋转中心轴相连，如果渐开线太阳轮顺时针方向旋转，它将带动三个呈120°布置的行星齿轮在公转的同时还有逆方向自

转，进行第一级减速，并通过转臂带动摆线轮做偏心运动；三个曲柄轴与行星齿轮相固联而同速转动，带动绞接在三个曲柄轴上的两个相位差180°的摆线轮，使摆线轮公转，同时由于摆线轮与固定的针轮相啮合，在其公转过程中会受到针轮的作用力而形成与摆线轮公转方向相反的力矩，进而使摆线轮产生自转运动，完成第二级减速。输出机构（即行星架）由装在其上的三对曲柄轴支撑轴承来推动，把摆线轮上的自转矢量等速传递给刚性盘和输出盘。

RV减速器一般放置在机器人的基座、腰部、大臂等重负载位置，主要用于20kg以上的机器人关节，如图8-8所示。

以安装在机器人第二轴的减速器为例，介绍其安装操作步骤。将安装部位用干净的布进行清洁，保证内部不存在任何异物，然后涂抹润滑油；为了使减速器在安装时能够对准安装螺纹孔，用三个双头螺柱拧入轴部的安装孔；将减速器涂抹好润滑油，对准螺柱，安放上去，放置过程中推放减速器要用力均匀；将减速器放入轴内部后，十字交叉拧入4个M8×35的螺栓（不同型号的减速器对应的螺栓规格不同），先预紧，然后用工具拧紧，拧紧后将三个定位的双头螺柱拧出；继续拧入其他螺栓，全部预紧后拧紧，这样就完成了第二轴减速器的安装。

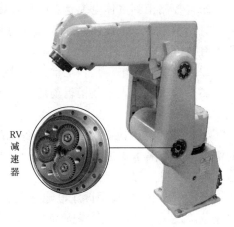

RV减速器

图8-8　RV减速器

2. 日常维护

日常维护是预防和消除机器人故障因素，及时发现问题并进行快速处理的经常性的维护作业，包括日、旬、月、季、半年和年测试检修工作等。工业机器人日常维护注意事项如下：

1）周边设备是否可以正常工作。

2）每个轴的抱闸是否正常。

3）控制器的通风效果是否完好。

4）连接机械本体的电缆是否正常。

5）机器人本体上的盖板和附加件是否松动。

6）清除机器上的灰尘和杂物。

7）机器人各关节处是否有油液渗出。

8）补充机器人减速器的润滑油或更换润滑油。

9）必须在起动机器人之前确认机器人是否处在原点位置，严禁在非原点位置起动机器人。

10）作业结束后，必须关闭电源、关闭气阀、清理设备、整理现场。

11）观察机器人运行过程中各轴有无异常抖动，有无异常响声。

12）观察机器人运行电流，与之前数据做对比，看是否明显变大（两次对比需运行同一程序）。

13）观察机器人运行程序时是否正常流畅连贯，无抓取位置不良或焊缝偏移等问题。

14）在机器人手动状态下检查电动机温度是否异常。（注意高温）

15）检查本体电缆防护套有无损坏（恶劣环境高温烫伤或金属割伤），电动机插头、手腕油封周围是否有异物（切屑和飞溅易导致异常磨损及漏油）。

16）本体电缆表皮及防护检查。

17）示教器电缆有无压坏破损，电缆与示教器插头是否紧固，示教器电缆是否过度扭曲。

18）控制柜出风口是否积聚大量灰尘，造成通风不良。

19）控制柜内风扇是否正常转动。

20）控制柜到本体电缆是否有压坏破损，控制柜地面，走线槽内是否有积水。

21）示教器急停按钮、控制面板急停按钮、外围急停按钮、安全防护装置、围栏动作是否有效可靠。

22）确认三相电压是否正常，测量线电压和相电压在正常范围内，接地良好。

23）检查机器人控制柜现场环境整洁。

3. 零部件更换

（1）编码器电池更换 机器人各轴的位置数据，通过后备电池保存。电池为内置电池的情况下，每隔1年进行定期更换。此外，后备电池的电压下降报警显示时，也应更换电池。电池更换过程如下：

1）利用内六角扳手拆除电池盒盖的4个内六角螺钉，如图8-9所示。更换电池时，为防止危险发生，请按下急停按钮。

2）取下密封垫，用一字槽螺钉旋具拧松沉头螺钉，取下电池盒盖，如图8-10所示。

图 8-9 电池盒盖的 4 个内六角螺钉

图 8-10 取下电池盒盖

3）拉动电池盒中央的棒条，取出电池，如图8-11所示。

4）按照相反步骤予以装配，如图8-12所示。注意电池的正负极性。此时，需要换上一个新的密封圈。

（2）润滑脂更换 减速器是机器人本体中的重要组成部件，因此需要进行定期维护，其维护工具见表8-3。每隔4年或者累计运转时间达15360h补充润滑脂。减速器的润滑脂如图8-13所示。润滑脂类型及供脂量见表8-4。

进行错误的供脂作业时，由于润滑脂槽的内压急剧上升而可能导致密封圈被损坏，进而导致漏油或动作不良。因此在进行供脂作业时，必须遵守下列事项：

图 8-11　取出电池

图 8-12　电池更换完成

表 8-3　减速器维护工具

工具	注释
清洁剂	酒精
润滑脂	管装（80g）
注射器	—
活扳手	—
无绒布	—

表 8-4　润滑脂类型及供脂量

补充部位	补充量	润滑脂规格
J1 轴减速器	2.7g（3mL）	
J2 轴减速器	2.7g（3mL）	
J3 轴减速器	1.8g（2mL）	Harmonic Grease 4BNo. 2
J4 轴减速器	1.8g（2mL）	规格：A98L-0040-0230
J5 轴减速器	1.8g（2mL）	
J6 轴减速器	1.8g（2mL）	

1）必须使用指定的润滑脂，否则，可能会导致减速器损坏等故障。

2）应彻底擦掉粘在地板和机器上的润滑脂，以免滑倒和引发火灾。

3）当使用供脂用组件时，为了使搓管内的润滑脂变为软的状态，通常在注射器里填充必要的润滑脂。把管嘴装到注射器的顶端。不使用管嘴时，将其取下，装上瓶盖。

更换润滑脂的操作步骤如下：

1）切断控制装置电源。

2）取下供脂口的密封螺栓。各轴减速器供脂口位置如图 8-14 所示。

3）用注射器将润滑脂补充到规定量。润滑脂正在补充中或者刚补充完后，润滑脂会流出来。此时停止补充润滑脂。

4）必须更换新的密封螺栓。重新利用密封螺栓时，必须用密封胶予以密封。密封螺栓规格见表 8-5。

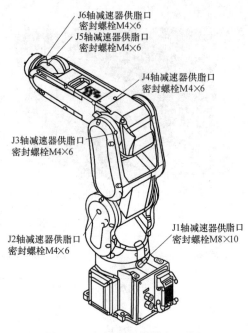

图 8-14　各轴减速器供脂口位置

图 8-13　减速器润滑脂

表 8-5　密封螺栓规格

名称	规格	备注
密封螺栓	A97L-0318-0405#040606EN	J2~J6 轴供脂口　5 个/台
密封螺栓	A97L-0318-0406#081010EN	J1 轴供脂口

第二节　周边设备维护与保养

培训目标

1. 能够对机器人液压系统进行维护
2. 能够对机器人气动系统进行维护
3. 能够对物料输送装置进行维护
4. 能够对机器人配套设备进行维护

一、机器人液压系统维护

1. 液压系统日常检查

液压系统发生故障前，往往都会出现一些小的异常现象，在使用中通过充分的日常维护、保养和检查就能够根据这些异常现象及早地发现和排除一些可能产生的故障，以达到尽量减少故障发生的目的。

日常检查的主要内容是检查液压泵起动前、后的状态以及停止运转前的状态。日常检查通常是用目视、听觉以及手触感觉等比较简单的办法。

（1）泵起动前的检查

1）外观检查。大量的泄漏是很容易发觉的，但是在油管接头处少量的泄漏往往不易被发现，然而这种少量的泄漏现象却往往就是系统发生故障的先兆，所以对于密封处必须经常检查和清理。例如，液压机械上软管接头松动可能就是机械发生故障的先觉症状。如果发现软管和管道的接头因松动而产生少量泄漏，应立即将接头旋紧。

2）油量控制。要注意油箱是否按规定加油，加油量以液位计上限为标准。

3）油温控制。用温度计测量油温，如果油温低于10℃，应使系统在无负载状态下（使溢流阀处于卸荷状态）运转20min以上。

另外，用温度计测量室温，即使油箱温度较高，管路温度也要接近室温。在冬季室温较低时，要注意泵的起动。

4）油压控制。观察压力表的指针是否在0MPa处，观察是否失常。观察溢流阀的调定压力，溢流阀的调定压力为0MPa时，处于卸荷状态，起动后泵的负载很小。

（2）泵起动中和起动后的检查　对于冬季液压油黏度高的情况和溢流阀处于调定压力状态时的情况，泵的起动要特别慎重。液压泵在起动时要用开开停停的点动方法，重复几次使油温上升，各执行装置运转灵活后再进入正常运转。在泵起动中和起动后应检查下列内容。

1）流量控制。在点动中，从泵的声音变化和压力表压力值上升来判断泵的流量，泵在无流量状态下运转1min以上就有可能出现咬死的危险。

2）管道是否堵塞。根据在线滤油器的指示表了解其阻力或堵塞情况，在泵起动通油时观察效果最好，同时弄清指示表的动作情况。

3）确认各个阀的动作情况。根据溢流阀手柄操作、卸荷回路的通断和换向阀的操作，弄清压力的升降情况。根据压力表的动作和液压缸的伸缩，弄清响应性能。使各液压缸、液压马达动作两次以上，证明其动作状况和各阀的动作（振动、冲击的大小）均为良好。

（3）运行中和停车时的检查　在起动过程中，如果泵无输出应立即停止运行，检查原因，排除故障；当泵重新起动、运行后及停车时，还需做如下检查。

1）汽蚀检查。液压系统在进行工作时，必须观察液压缸的活塞杆在运动时是否有跳动现象，在液压缸全部外伸时有无泄漏，在重载时液压泵和溢流阀有无异常噪声，如果噪声很大，则为检查汽蚀最理想的时机。

2）振动检查。打开压力表开关，检查高压下的针摆，摆动大和缓慢摆动均属于异常情况。正常状态的针摆应在0.3MPa以内。根据听觉判断泵的情况，噪声大、针摆大、油温高，可能是由泵发生磨损后导致。

在系统稳定工作时，除随时注意油量、油温、压力等问题外，还要检查执行元件、控制元件的工作情况，注意整个系统的漏油和振动。系统经过一段时间的使用后，如果出现运行不良或产生异常现象，用外部调整的办法不能排除时，可进行分解修理或更换配件。

2. 液压系统维护

为了保证液压设备能达到预定的生产能力和稳定可靠的技术性能，对液压设备必须做到熟练操作、合理调整、精心保养和计划检修。

目前液压设备经常出现的故障有液压系统工作时好时坏，执行机构动作时有时无；系统泄漏严重；执行机构运动时有跳动、振动或爬行；液压系统工作时液压油温升得过高。

因此在对液压设备进行维护保养时应该注意以下几点：

1）保持液压油清洁不被污染，确保液压系统正常工作。

2）控制液压系统中液压油的温升，减少能源消耗，提高系统效率。

3）控制液压系统泄漏，泄漏和吸空是液压系统的常见故障。

4）防止液压系统振动与噪声。振动影响液压元件的性能，会使螺钉松动，管接头松脱，从而引起漏油，甚至使油管破裂。

5）严格执行日常点检和定检制度。

二、机器人气动系统维护

1. 气动系统日常检查

气动系统中各种气动元件通常都有其耐久性指标，通过此指标可大致估算出其正常使用条件下的寿命。但是一台气动设备如果不进行预防性维护保养，就会过早损坏或频繁发生故障，使设备寿命大大降低。因此气动系统的日常检查尤为重要。日常检查项目主要有下列几项：

（1）冷凝水排放　冷凝水是造成系统失效的一大因素，冷凝水的排放涉及整个气动系统，从空气压缩机、后冷却器、储气罐、主管过滤器、干燥机、主气管路、自动排水器到设备进气端过滤器。

（2）系统润滑情况　检查油雾器的滴油速度与滴油流量的关系是否符合要求，油色是否正常，有无杂质和水分混入。

（3）净化处理系统日常管理　检查空气压缩机运转是否有异常声音及发热，润滑油是否不足或很脏，吸气过滤器是否堵塞，空气压缩机的压力设定值及干燥机工作是否正常等。

2. 气动系统维护

系统定期维护一般是指每周、每月或每季度进行的维护工作。其主要工作是进行漏气检查和对油雾器进行管理，以便早期发现故障隐患。其主要内容有：

1）检查指示仪表有无偏差。

2）检查换向阀的排气口。油雾喷出量是否适度，有无冷凝水，有无漏气。

3）检查换向阀的动作。使用电磁换向阀时，检查通电时的温升及声音。

4）检查气缸的活塞杆。检查活塞杆露出部位表面有无划伤或镀层剥落，由此可判断活塞杆与密封之间有无漏气或是否存在横向载荷等。

5）检查安全阀、紧急开关阀的动作可靠性。此类阀因平时很少动作，在定期检查时，必须确认其动作可靠。

三、物料输送装置维护

1. 物料输送装置结构及工作原理

物料输送装置（输送机）是指在一定线路上连续输送物料的物料搬运机械，又称为流水线。输送流水线可进行水平、倾斜和垂直输送，也可组成空间输送线路，输送线路一般是固定的。输送机输送能力强，运距长，还可以在输送过程中同时完成若干工艺操作，所以应用十分广泛。按照生产工艺的不同可将其分为斗式提升机、带式输送机（见图 8-15）、螺旋输送机和气力输送机。本节以带式输送机为例，介绍其结构及工作原理。

（1）结构　带式输送机的组成部分有机头部（包括电动机、传动装置、滚筒等）、机身部（包括机架、托辊）、机尾部、输送带和附属装置（包括螺旋张紧装置、清扫装置、制动装置等），如图 8-16 所示。

图 8-15　带式输送机

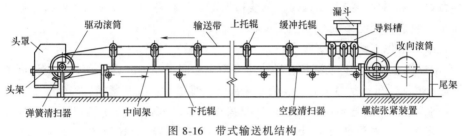

图 8-16　带式输送机结构

（2）工作原理　输送带（或钢丝绳）连接成封闭环形，用张紧装置张紧，在电动机的驱动下，靠输送带（或钢丝绳）与驱动滚筒（或驱动轮）之间的摩擦力，使输送带（或钢丝绳）连续运转，从而达到将物料由装载端运到卸载端的目的。

2. 维护方法及步骤

为了保证输送带的正常工作，要对输送带进行相应的检查与维护。带式输送带的维护主要有输送带的保养、减速器的维护、托辊的维护 3 个部分。

（1）输送带的保养

1）确保输送带正常运行，无卡、磨、偏等不正常现象。

2）及时清理输送带上的杂物，如粉尘、碎屑等，保证输送带的上、下托辊及各滚筒齐全、有效，运转灵活。

3）输送带各零件部位齐全，各连接螺栓紧固、可靠。

（2）减速器的维护

1）减速器（温度不超过 80℃，油量不低于大齿轮的 1/3、不高于 2/3）、液力偶合器、电动机（不超过 50℃）温度正常，无异响。

2）减速器和液力偶合器无泄漏现象，油位正常，油量适中。

3）若减速器声音不正常，检查齿轮啮合情况。

（3）托辊的维护

1）托辊与输送带不接触时，需要整理输送带管架，使托辊与输送带接触。

2）输送的物料内不能混入大块坚硬的物料，避免造成输送带托辊的损坏。

3）若因托辊密封不好，使杂物进入轴承而引起轴承卡死，应及时清洗或更换轴承，重新组装托辊。

4）在使用过程中应经常检查托辊各部件工作状态，对于松动的紧固件进行重新紧固，应特别注意连接轴间的螺钉是否掉下或松动，如果发现此类现象，立即停止作业进行维修。

5）托辊各零部件应经常加润滑脂。对于驱动装置减速器内的润滑脂，要每3~5个月换一次；对于两端轴承箱内的润滑脂，要每14个工作日注入一次。对于损坏的零部件及时更换。

四、其他典型行业应用设备维护

1. 变位机维护和保养

变位机是专用焊接辅助设备，适用于回转工作的焊接变位，以得到理想的加工位置和焊接速度。可与操作机、焊机配套使用，组成自动焊接中心，也可用于手工作业时的工件变位。工作台回转采用变频器无级调速，调速精度高。遥控盒可实现对工作台的远程操作，也可与操作机、焊接机控制系统相连，实现联动操作。

变位机维护与保养注意事项如下：

1）自动焊接操作机各运动部位、导轨与滚轮应涂润滑脂，闭式传动部位应注润滑脂，以保持部件运行灵活。重点是对平心轮、偏心轮部件的维护，保证其紧固，确保横臂运动平直。

2）定期检查清理各导轨、滑架、丝杆及螺母等运动部位，防止堆积尘土、散落焊剂及其他杂物，影响运动部位的灵活性。不允许碰撞、磨损各滑动导轨的结合面。定期检查丝杠、齿条等关键运动部件的磨损情况，发现问题及时维修或更换。

3）自动焊接操作机中链条为易损件，每年至少拆下检查一次，及时维护。

4）定期检查各行程开关的动作灵活性、可靠性，机械保护是否松动、损坏。

5）电路的熔断器应按规定使用，不应随意更改规则，如果遇到熔断器烧断，应查明原因，排除故障后更换。

6）定期检查电路插头，保持连接牢固，插接可靠。

7）每三个月一次用压缩空气吹扫工作站控制器及遥控盒内的尘土，使继电器、旋钮、开关等保持清洁和良好的接触，以免延误动作。

8）检查或保养设备时，应关闭电源，拔下电源线插头。

9）各减速器内按油标加注合适的润滑脂。首次使用24h后必须将润滑脂放掉，用轻油（柴油或煤油）冲洗干净，然后重新加入新的润滑脂，之后每隔2000~2500h必须重新冲洗并加入新的润滑脂。

10）接地线应搭在导电装置的接头上，不能直接搭在变位机的机架上，以免损坏轴承。

11）翻转轴两端轴承、翻转和回转用的齿轮副要定期加润滑脂。不工作时应保持设备清洁。

12）日常检查

① 通电空载运行，有无异常噪声、振动和气味。

② 每天开机前检查外部环境是否符合要求，如无雨水，无腐蚀性气体，无其他杂物干扰，非高温环境等。

③ 显示部位是否正常。

13）定期检查

① 电源电压是否在允许范围内。

② 清除变频器和控制板上的尘埃。

③ 检查电源绝缘情况，如果有损坏应立即停止使用并进行更换。

④ 电器箱内有无损坏各电器部件和控制线路的隐患，如果有应立即更换。

⑤ 各机械连接处螺栓有无松动，如果有松动，紧固后才可使用。

⑥ 如果在运行中出现停止报警，请详细查阅随机变频器使用说明书。

2. 焊枪维护及保养

焊枪在焊接过程中执行焊接操作，是用于气焊的工具，形状像枪，前端有喷嘴，喷出高温火焰作为热源。它使用灵活，方便快捷，工艺简单。

（1）焊枪的维护

1）检查焊枪安全保护系统是否正常（禁止关闭焊枪安全保护工作）。

2）清理焊枪喷嘴处杂质，以免堵塞水循环。

3）检查外部急停按钮是否正常。

4）定期清理清枪装置，加注气动马达润滑油（普通机油即可）。

（2）焊枪的保养

1）由于磨损，导电嘴的孔径变大，会引起电弧不稳定，焊缝外观恶化或粘丝。导电嘴拧不紧会导致螺纹连接处发热而焊死，因此要对导电嘴定期进行检查、更换。

2）弹簧软管长时间使用后，将会积存大量铁粉、尘埃、焊丝的镀屑等，这样会使送丝不稳定，所以需要对弹簧软管定期进行清理和更换。

3）对绝缘套圈的检查。如果取下绝缘套圈施焊，飞溅金属将黏附在喷嘴内，使喷嘴与带电部分导通，可能导致焊枪因短路而烧毁。同时为了使保护气体均匀地流出，一定要安装绝缘套圈。

3. 打磨机维护及保养

机器人打磨机的维护和保养方法如下：

（1）日常点检　为了保证打磨机的正常安全运行，日常使用中每周需要点检以下部位，以便发现问题及时处理。

1）及时检查及清理粉尘。

2）检查电动机及各传动轮、轴承是否磨损异常，及时更换。

3）气路接头是否松动有漏气，气缸动作是否顺畅。

（2）常见故障及其排除方法

1）开机不运转。检查电压是否正常，接线是否松脱，磁力启动器是否损坏，并对这些部件进行紧固和更换。

2）工作中自动停机。工作中遇到自动停机，无法启动机器，而过一段时间后又可以正常启动，一般是因为工作负荷较大而引起的磁力启动器保护动作。此时可打开磁力启动器面板，将热继电器的动作电流值适当调大。

3）振动加剧及噪声异常。检查各部件螺钉是否松动，若有松动需要进行紧固。检查主轴及随动轮轴承是否损坏，驱动轮、随动轮、张紧轮是否磨损严重，有损伤变形会使动平衡性能下降，要及时更换。另外检查气缸伸缩是否顺滑。

4）砂带偏移无法手动纠正。检查驱动轮、从动轮是否磨损严重，根据实际情况更换。检查主动轮和从动轮位置是否发生偏移，进行相关校正。检查砂带规格是否适合。